开启

SWITCH ON

unleash your creativity and thrive with the new science & spirit of breakthrough

[英] 尼克·塞内卡·扬克尔 著
NICK SENECA JANKEL

王颖 译 王丁 审校

人民东方出版传媒
People's Oriental Publishing & Media
東方出版社
The Oriental Press

致贾伊·米洛（Jai Milo）和诺厄·塔（Noah Tao）。愿本书可以指引你们，无论你们是在寻求真正的答案，或仅是寻找更好的提问。

以此纪念在逆境中奋斗，并回来疗愈他们所在世界角落的数百万被遗忘了的人们。

目　录

CONTENTS

致 谢

本书一路得到了我最好的朋友、颇骶天才、事业伙伴、舞伴、我的妻子艾莉森坚定不移的支持。我爱你。还有，若不是有诸位阅览草稿、论辩想法、提供建议和给予滋养的朋友、家人、经纪和编辑，本书将远不及如此般优雅。Kate E、Simon H、Scott V、Tom F-M、Rohan G 和 Will P，特别向你们大声呼喊。我对许多活着的或已故的富有洞见、智慧和慈悲的伟人也怀着无尽的感激之情，因我站在他们的肩膀上（受用着）。我还要感谢所有现在（及以前）的朋友、恋人、商业伙伴、员工、邂逅之交、客户、合作者和关联人士，他们帮助我形成了本书中的人生哲学，无论是通过合作还是冲突的方式——经常是两者兼而有之。

作者的话

在伦敦一个地下俱乐部，射灯闪烁，汗水挥洒。这是20世纪90年代初。随着重低音开始递建，一种兴奋的骚动在人群中荡漾。在一个既臭名昭著又处振兴中的撒切尔时代英国的背景下，社交狂们正准备退场。此时一个很胖、腼腆的18岁青年，带着一副蹩脚的眼镜，穿着更蹩脚的衣服，游荡着来到空荡荡的舞池里。这是他第一次来这样的俱乐部，他显然不会跳舞［就像目睹校园影片《西区故事》(*West Side Story*) 中的尴尬时刻］。哦，这个孩子还从没交过女朋友。事实上，他甚至不曾和任何人接吻过。

怪异的事情开始发生。随着节拍不断穿透他的头脑和身体，音乐在邀请他放下自己的焦虑和尴尬。多年来所有一直使他退缩克制、自信受损的信念，退场了。很快他就在碎拍舞曲的天堂里尽情跳跃。人们在射灯下时隐时现的面孔，毫无评判地对他微笑。现在，他所有的神经官能症似乎都不重要了，周围的人也被他无拘无束的自我表现所鼓舞，围着他跳了起来。好几个小时，他与自己、与人群合一了：忘我于喜悦中，解脱了忧虑，舞得出奇得好。舞蹈与舞者，节拍和脑波，合为一体。他感觉到爱。他表达着自己的真相。他弹拔身形、炸裂舞动。他开启了！

问题出现在接下来的星期一（以及那周的其余时间）。他不仅没有享受到突破的成果，反而发现自己还是以前那个害羞、孤独、一团糟的孩子。所有的旧习惯和消极的信念依然还在。事实上，由于整夜狂欢之后的疲惫不堪，他甚至感觉变得更糟了。

搞什么鬼??!!!

所有的爱都去哪儿了？他为什么感到如此厌倦？那些如海洋般的合一、共融、创意的感觉怎么了？即便他在这之后的十年里继续每周好几次去狂欢，不出几年的时间，他还是会被诊断患有临床抑郁症，遭受一系列无端的恐慌发作，并被称为纤维肌痛的奇怪病症——一种慢性疼痛综合征——折磨得每天痛苦不堪。会过好几年他才亲吻到女孩，以及更多年以让那种自我厌恶消退。然而，那天晚上他内在的某个东西醒了。他意识到，如果他能在舞池里感受到如此的被爱充满、连接和创新，他也必定能够在日常生活的任何时刻感受到这种感觉。问题自然是“怎么做”。要怎么做他才可以不仅在美好的日子或快乐的时刻盛放，而且在糟糕的日子和困难的时刻也能盛放？

那个少年当然是我，而这本书就是为了回答这个问题。那些青少年时期的经历——还有许多类似的，激励了我对真理和持久的自由不可阻挡的渴望。日复一日，年复一年，我陶醉于那种狂欢中的创造性精神——每个社会阶层或各行各业的人们在一体的海洋中表达他们的平等。现在我还经常去跳舞。然而实际上是那个星期一早上——当我感觉如此低落和疲惫不堪时，才真正激发了我毕生的志业。每当我感觉到生命的精彩滋味在一个奇妙时刻后褪色，就激发我向前去寻找一种方法，以重新获得那种开启的感觉——在那里一切皆有可能，每个人都是我的同盟——每时每日，而不需用任何东西，除了我自己的心灵。

为了理解并疗愈我们人类的头脑和身体，我前去剑桥大学学习医学。在那里，我在解剖学、生理学、药理学、心理学、精神分析学、社会学等方面都打下了很好的基础。然而，我很快意识到，我和许多其他人所面临的大多数日常情绪问题本质上并非真正“医学的”属性。虽然它们可能涉及荷尔蒙生理激素和神经递质等之类的东西，而比起我们的细胞我们的思想才是更大问题所在。所以我又转去学哲学，特别是人文科学哲学，试图更多地了解我们每个人的思想以及经验是如何构成的。我最终毕业获得了三重一等学位（相当于最高荣誉）……但我发现自己仍然陷于一种一成不变的状态，多年的心理治疗和抗抑郁的疗程似乎也没有起到什么作用。

在一家全球性广告代理公司把心理学和哲学应用到大品牌（如索尼的 PlayStation 和妮维雅）领域一段时间后，受到网络热潮的鼓动，我在 20 世纪 90 年代末决定开始自己创业。我意识到来自人类科学的大量洞见有潜能改变整个团队、整个公司，乃至社会，而不仅仅是制作很棒的商业广告。一直以来，作为一个企业家、爱人、朋友和领导者，我在自己的人生中都有所突破，但我从未成功地找到一种生活方式，可使我在重重困难中保持突破，而成就一个最佳版本的我。我到过那里，但还缺了点什么，某种巨大的东西。而另一个崩溃帮我找到了它。

在2004年，我经历了我相信是我最后一次的痛苦崩溃。经过五年高科技创业的快车道，我感到身心俱疲。然而，这种崩溃主要不是来自经营快速发展的业务或管理人数众多的员工的压力，更多的是我意识到自己正在经营一家不符合我内心深处真正志向的公司。我的事业让我心碎。当时在和我的教练展开工作过程中，我深刻领悟到——一个难以面对又无法忽视的真相——我正在用心理学、神经生物学、哲学和人类学的崇高庄严，帮助那些富有的公司变得更富——通过发明我们大多数人都不需要的东西；然后用营销暗示如果不拥有它我们就不够性感/英俊/富有/优秀，以此来说服我们购买它。在这个崩溃经历过程中，我有一个重大的突破。我确定——没有丝毫的怀疑——我必须聚焦于用我的技能和才能提醒我们所有人我们已然足够了；并以这种丰盛意识，将我们的集体创造力用于造就不同。

我们每一个人都在用人生哲学经营着我们生存的每一刻。当然，其中的许多信念和想法都是从我们父母那儿传下来、从媒体中获得，或是由更年轻版本的我们所发明的。许多这些预设和习惯使我们坠入困境，陷于苦难。伟大的诗人威廉·布莱克（William Blake）在《耶路撒冷》（*Jerusalem*）中写道："我必须创造一个体系制度，不然就会被另一个人的体系制度所奴役；我不会去争论和比较：我的要务是创造。"只有在发明（或发现）一种有助于我们盛放的人生哲学的时候，我们才能自由地创造一种符合我们终极志向的生活和世界。那时我便知道，我想要的是一个没有任何崩溃，充满爱和振奋的关系，以及拥有一个符合真心本愿的事业的人生。所以我开始去寻求一种可以给我所有这三个品质的人生哲学；一种所有情况下都能帮助我盛放的人生哲学，因为它要在我们今天所处的这个世界里奏效——一个充满着创造可能性，又有着不相上下的日常悲剧的世界。

在我的成长过程中，我的父亲是（现在仍然是）一位顽固的无神论者。曾经我被上帝是盛怒的、等级的和分离的（18 岁时，我还曾自恃地就此在我母亲的教会堂上讲道）怪诞想法击中时，我也成了一个无神论者。我学习科学的大学，是以不信神灵、追求客观事实而著称的科学殿堂。但激进的无神论只能把我带到这么远。科学非常擅长预测和控制物理事物；然而，对一些如“我在这里是做什么？”和“我的人生意义是什么？”这样的大问题，它却很难提供答案。

甚至像背痛这样看似简单的事情（每年花费西方国家 GDP 的 1%，是全球健康方面最大的负担）也并不是用科学就那么容易解决的。超过 80%的案例没有已知的科学可识别的原因。[1]而我是如此受限于我自己的科学观，以致这么多年时间里我竟视而不见从我十几岁起就一直在我面前瞪视着我的东西：当我们心存恐惧时，我们不可能有完全的创造力（或感到完全的自由）；只有爱才能使我们永远从恐惧中脱身。俄罗斯大作曲家伊戈尔·斯特拉文斯基（Igor Stravinsky）说过：“为了创造，必须有一种动态的力量，而又有什么力量比爱更强大？”[2]科学关于爱是什么所能告诉我们的少之又少，以及如何全心全意地爱上自己、爱上我们的工作和我们的世界，以使我们可以享受大多数人都渴望的平和、本愿和可能性。要了解爱，我们需要超越理性。

因此，我深入地研究了世界上伟大的智慧传统和转变技巧，它们注重的是如何掌握爱、慈悲、感恩、协作、连接、关系、正念等等。我参与了各种五花八门的奇异和狂野的体验，从印度的吠檀多和阿育吠陀到秘鲁的药用植物死藤水，从美国沙漠的土著智慧到中国的道家。我还从甘地（Gandhi）的非暴力哲学到精神无政府主义者如莱奥·托尔斯泰（Leo Tolstoy），探索了以爱与连接为中心的社会变革理论。

我开始将智慧与科学结合到一起，以形成对我非宗教的、现世的情感奏效的、就如何盛放的可行模型。正如许多知名科学家和智慧导师所证言的那样，只要我们不需要一个骇人的神或一个（也许更骇人的）科学原教旨主义者，那就没有理由非要我们非此即彼地选择科学抑或灵性。卡尔·萨根（Carl Sagan）——我们时代最著名的科学家之一——意识到："科学不仅符合灵性，它更是灵性的一个深厚来源。"[3]

从对科学洞见、灵性直觉和社会变革的多方探索中产生的综合，其核心是突破的奇迹——令人惊奇的、不可预测的、对任何重大问题的蜕变式的创造性解决方案。我发现的突破曲线（在序言中会更详尽地描述，参见第 34 页）囊括了所有这些成果。我相信这个框架可能包含了我们这个宇宙中所有关于创造力和转化蜕变的秘密，与之一起完成的是一系列工具和技巧来掌握我们盛放的能力。它为我们提供了一种契合亚里士多德（Aristotle）所谓的phronesis义理或“实践智慧”的人生哲学。换句话说，它是可以实时地帮助我们处理生活中的实际问题的。我将这个领域的研究称为突破生命动力学。

突破生命动力学是一种受科学启发，又紧系心灵的人生哲学、方法流程和配套工具，可以快速转化任何问题——无论是绝对个人的还是完全全球化的。它既受到社会变革、创新和教练等开创未来的脉动之激励，也受到冥想、心理治疗和疗愈等的慈悲精神之激励。而最首要的，它是生命动力学，意味着对当下正在头脑、身体、关系、系统和环境里所流现所发生之响应，而不是被锁禁在过去奏效的陈规旧矩中（或者引导师或教练认为“正确”的做事方法）。作为一种人生哲学，它本身就是活的并通过生活经验和不断涌现的科学证据而发展生长。如果随着时间的推移，有更具驱动力或更赋能的洞见或技术浮现的话，其中的任何部分都可以届时摒弃。

置身事外的盲目武断从来都行不通，我把所有的想法都付诸实践——到商业、创新以及公民之世界的前沿。多年来，我用突破生命动力学提供的工具集锦，帮助个人、团队和组织找到了对他们来说最紧迫挑战的解决方案。在帮助一些这个星球上最有趣、最具创造力的领导者和组织提出宏大而突破性的想法以帮助他们和世界兴盛的过程中，我享受到无限的乐趣，并精心打磨了这些工具。在支持初创企业和令人惊奇的社会企业强劲发展以实现其潜力的过程中，我反复测试了整个流程与构思。我很荣幸，用突破生命动力学教练和培训了社会工作者、教师、见习公务员、医生、失业青年、MBA 精英、援助人员等等。我还把它用作心理教练，用于电视、广播、生活杂志、高端报纸、节庆日以及名流们。

然而，任何人生哲学的终极考验，必须是看它能否帮助我们应对世界上最糟糕的事情。它可以帮助我们度过失去一个孩子的悲恸吗？被囚禁在一个残酷的监狱，集中营？如果它能够在最黑暗的时刻为我们提供平和与希望，就应该能够帮助我们选择正确的职业道路，以及处理关系的困扰。所以我不断地把突破生命动力学推向极限，确保它能够充分参与和帮助疗愈充斥我们周围世界的悲剧。

简而言之，突破生命动力学看来可以有效解决大量不同种类的问题——跨越完全不同类型的人，以及广泛的文化和环境。

然而，我的突破生命动力学版本只是一张地图、一个蓝图：众多之一。没有一张地图是实际疆域本身，所以不要把我的，或任何其他人的话当真。每个人都必须为如何找到平和、本愿和可能性发展并微调自己的地图。没有人曾经活过你的人生，将来也不会有。所以我邀请你尝试一切，自己去试验，并决定什么对你奏效（或不奏效）。

请注意，我不是，从来就不是，也永远不想成为一个精神病专家、医生、神经科学家或学术哲学家。我只是一个人——被驱使着要建立一个人生哲学（以及创新、领导力和社会变革方法流程），帮助我们突破以达到更好，好得多。虽然专业帮助有时是有价值的（并且我敦促你探求它，如你觉得有帮助的话），但请记住，所有专业都只是非常新近的发明，最多也就存在了几百年。但数万年来，我们的祖先一直在疗愈自己、寻找幸福之路，以及对其问题创造新的解决方案——除了作为人类成员之外没有任何资质。我对土著部族的体验——包括肯尼亚的马赛和津巴布韦的绍娜，都表明即使没有大学学位人们也可以很好地盛放。这意味着我们这个星球上的每个人都有盛放的潜能——这是我们人类共同的传承。我希望这本书成为一本手册，用于如何——随着你每一天越来越多的盛放——在你的人生中拥有、保持并享受突破。

阿尔伯特·爱因斯坦（Albert Einstein）说："只有两种生活方式：一种是好像没有什么奇迹；另一种是似乎一切都是奇迹。"今天活着的每一个人都有无限可能的创造力，可以改善他们的生活和他们的世界，就在现在。每一个创造性的行为——即使是在键盘上打字——都已花了数百万年的进化加以完善，并依赖于数十亿的突触、细胞和分子的交响乐般和谐的协同工作才创造出一个被称作人类的杰作。我们任何一个人都可以利用这个生物学交响乐团来发明和设计任何我们想要的：一种更鲜活有爱的生活、一次更自由的职业转变、一种文化的感觉，或一项改变世界的发明（甚至所有这些一起）。

那，我的朋友们，对我而言就是个不可思议的奇迹。

我在舞池里等你。

尼克·塞内卡·扬克尔，于2014

附：如果您想要打电话与我联系，分享您的意见、疑问或想法，您可以在线联系我。

非常欢迎你对围绕突破生命动力学的新兴思想（或感觉）有所贡献。你可以通过 Ripe & Ready（智慧和健康公司），或我所参与的社区找到我：www.ripeandready.com

或者，也可以登录我的网站：www.nickjankel.com

开启的体验

《开启》提出了一个最佳创意和最大盛放的人生哲学。但也被设计为一个突破的体验之旅，以推进你阅读时在幸福、健康和创造力方面的实时感受。

每个章节都以一张图谱开头，指明你处在“开启”体验的哪个阶段。在每个章节中，你将看到以下图标：

“开启”的科学：神经科学、心理学、生物学、物理学、人类学等方面的最新见解

“开启”的故事：案例研究和现实生活的例子

现在就开启：体验练习，帮助你充分参与突破的每个阶段（每个章节结束时）

突破性提问：明智的提问，破解了大脑的工作方式，以激发即时的突破和创造力

这意味着你可以不受科学、故事和术语详细定义的干扰来阅读本书。如果你对其中的某些想法感兴趣，“尾注”中有

一些关键科学文献，你可把它作为一个起跃点（参见第 289 页）。**粗体字**是关于突破生命动力学的想法和概念，如果您想要一个概述的话，可以随时在本书后面的“术语”中参考（参见第 279 页）。

重要的事情是：随时准备为我们能成为的而牺牲我们已是的。

查尔斯·杜·博斯，《近似》

（*Approximations*），1922

序　言

为突破而生

人类在这世界上所创造的一切，无论是辉煌的金门大桥还是开创性的小儿麻痹症疫苗，都毫无例外地以同样的方式开始其生命周期——从一个想法开始。每一个故事、电影、雕塑、绘画、发明、建筑或商业，以及整个科学，都开始于一个可能性，然后才成为一个概率事件。是我们的创造性精神定义了我们的物种以及我们在这个星球上的成功，别无可及。然而，我们惊人的创造力也可以让我们陷入混乱。就像所有令人赞叹的事物都是由想法创造出来一样，所有不那么酷的东西也是由此创造出来。剥削行业、无家可归、气候变化、信贷危机、冲突纷争——更不用说抑郁、上瘾和肥胖——都源于我们关于自己和世界的想法。

许多我们用来经营生活和运行社会的想法已经过时了。这是意料之中的事。世界在不断变化，因此要跟上它是有挑战性的。朋友、同事、城市、品牌、政治、文化、习俗都在连续不断地演变。改变是无情的、自然的、阻止不了的。它被构建于每个原子的构成和每个细胞的进程中。几年前，没有平板电脑或社交网络。再之前的几年，没有手机、互联网或电子邮件。想象有些什么现在可能而之前就是不可能的？在那时奏效（或者至少看起来奏效）的许多生活、事业和社会中的想法，现在不再管用了。如果继续抓着不放，我们的生活、事业和社群将很快就会开始变糟。

进化给我们提供了一个简单的事实：如果想法不随世界的变化而改变，它们终将变得累赘冗余。这就是当我们经历**崩溃**（breakdown）时所发生的事情。崩溃的日常征兆可能是持续的背痛（没有明确原因的）、持续的抱怨、经常的争吵、无性的夫妻生活、无聊、辞职、乏味的工作、习惯性的路怒、孤独，以及反复的内疚感和羞耻感。大多数征兆会因压力而加剧恶化。似乎甚至忧郁、焦虑和惊恐发作都有可能是崩溃的表征（尽管每项也可能表明你需要寻求专业的医疗或心理帮助）。下滑的事业和低迷的职业也可能是由冗余想法**触发**（triggered）的崩溃。

进化的普遍原理决定了我们不适应则衰退(fit or fail)。我们需要突破过去，才能顺应当下。否则，我们就不可能盛放。**适应性**（Fittedness）要求我们与内心世界、外在环境以及周围的每个人保持不断的、开放心态的、开明思想的对话。当我们进行这些对话时，我们必须时刻准备抛弃旧的方法，不管它让你多舒适，如果这意味着找到一种新的适应性更好的方法的话。这就是真正的创造性之意义所在；这就是取得**突破**（breakthrough）之意义所在。生活中所有惬意的喜悦——无论来自亲密、探索、发明还是创造改变——都来源于突破（而不是崩溃）所带来的不可预知但又充满活力的过程。

从纸夹到火箭、飞船，创造性是我们人类的命脉。每次我们从一个——不实际的、专业的、父母的、金融的——老套规矩中解脱出来，我们就会变得富有创造性。每当我们从坏心情中走出来，找到一种新的方式去对待爱人的软肋，或者想出一个更富有想象力的方式来回应孩子的哭闹，我们就是在突破。如果我们的关系、职业或幸福缺失了些什么，创造性可以提供。对于一种富有意义和丰富（也可能是富裕）的人生，创造性是“访问所有领域”的后台通行证。改变我们的心态和头脑——我们的思想所在，我们就可以改变世界上的任何东西。

然而，事情并不总是那么容易！试着在接下来的60秒内解答这个字母排列游戏（解决方案在本章的最后）：

Bmusic

我曾经向成千上万的人展示过这个游戏，很少有人能破解它，尽管并没有那么多的变数。原因是，为了取得突破，我们的大脑首先必须放开“Bmusic”。但是，由于大脑的布线方式，它会锁定在这个词上而很难放开。同样的事情也发生在我们生活的每一个时刻。我们锁定于存在和行为的模式中，阻止了我们享受真正有创造性的生活。相较于不由自主，我们大脑的布线喜欢可预测性更多一点。它之所以这样做，是因为大自然把安全和生存放在了比创造性能带来盛放的承诺更优先的位置。

每当我们以熟悉的方式对一个问题作出反应时，就会在神经系统中把它印刻得更深，就像在金属上雕刻一样。神经系统学会了如何一起激发，而我们变得固化地重复这个习惯或观点，快速而强劲。当我们遇到危险时，这是非常有用的：我们可以很快地处理它，这可以挽救我们的生命。然而，如果我们继续在我们的爱情生活或工作生活中作出同样的反应，而我们周围的事物已经发生变化，那么我们很快就会被卡住。这是崩溃的提示。我们可能保住了生命，但我们并没有在生命中盛放。关键是要盛放！漫步于大自然中，你会立即发现，她对仅仅是经过她并不感兴趣；她要她的孩子们盛放！

超越生存

我们的本能被这样设定：为了生存不惜一切代价。在武当山高耸的悬崖和茂密的竹林中（中国的道士们已经在那里定居了几个世纪），我目睹了我们的头脑和身体对于保持活着究竟有多么不可思议。我正在野外沿着一条小路走着，幻想着做一场武术的探险。这时，我的双腿突然就自己偏离了方向。半秒钟后，我瞥见了一个长长的、黑色的东西，在斜坡上游走。再半秒钟后，我意识到那个东西是一条巨大的蛇。活生生地意识到这种对于生存的真正威胁，我的心跳突然加速，我的脑子里充满了恐惧。当平静下来时，我喜极而泣。我还活着！那一刻的感觉是多甜蜜啊！我的生物学的生存动力——经过了137亿年进化完善，以一个完美协调的应激反应履行了它的职责。

你此时读着这本书这一事实，表明你的生存动力也一直忠于职守。然而，让我们保持活着的应激反应往往会不安分地过度驱动。我们在这个星球上的大部分时间里并不面对致命的蛇。然而，我们会经常卷入日常的问题，从停车罚单到与朋友的争吵，就好像它们对我们的生存造成了真正的威胁似的。当我们对问题作出反应，而不是和它们一起创造时，我们就会被压力缠住。当我们处于长期的不良压力下时——据估计超过80%的人始终是这样——它就开始伤害我们。[1]当我们感到压力时，我们的神经系统就会紧张起来并失去创造力。压力会阻碍我们学习，如果不学习，我们就不会成长。[2]压力，也就是恐惧，腐蚀了我们尝试新事物所需要的好奇心和勇气。如果我们害怕自己看起来像白痴、破产或被拒绝，那么要想在生活中有什么大的作为几乎是不可能的。

压力会扼杀创造力，也会杀死我们。尽管少量的压力可以帮助我们专注、参与和学习，但长期和高度的压力会把我们烧毁，不管从字面还是隐喻的意义上说。住在机场附近、应付头顶上巨大的飞机轰鸣声压力的人，比起那些不住在机场附近的人心脏停搏的可能性更高。[3]与控制型或不善沟通的老板打交道的人比那些不跟这种人打交道的人得冠心病的概率要高出60%。[4]压力会导致身体所有细胞内部的有形变化。特定性基因开始表达蛋白，导致炎症；慢性炎症与心脏病和癌症等杀手有关。随着时间的推移，压力会降低我们预防衰老、愈合伤口、抗感染甚或顺利免疫的能力。[5]未被管理的压力，仅仅是工作上的一种**不赋能**感，可能比吸烟或高胆固醇更危险。[6]

不管压力是来自于担心、恐惧、困惑、过度工作还是不知所措，如果我们让强大的生物保护机制主有我们的日常生活，我们可以生存，把我们的基因传递下去……但这样的话是不太可能盛放的。

如果我们超越生存，我们就能盛放。盛放是跟大多数人所认为的幸福非常不同的概念。幸福是转瞬即逝的。它可以持续一秒、一分钟或一小时，但通常不会持续一整天。当然，今天早上的那个奖金让人感觉很棒；但今天下午，那个白痴刚刚在公共汽车上坐了我的位子，现在我很心烦。很少有人在被裁员、被解雇或被抛弃时会感到“快乐”（可能也不应该）。像忧伤、悲痛和困惑这样的情绪是非常自然和有益的，即使我们经历了这些情绪，我们也可以学习如何盛放。我们并不需要一直快乐。一项重要的研究表明，追求幸福，而不是盛放，会让我们变成自私的公民，因为我们以损害他人的幸福为代价来优先考虑自己的幸福。在这项针对 400 多名成年人的研究中，幸福与成为一个“接受者”有关。而一个有意义的人生，在逆境中盛放，与做一个“给予者”有关。[7]当我们盛放的时候，我们更有能力、能更好地帮助身边的人也盛放。幸福没有这样的特性。

幸福就像沙漠里的沙子一样变幻莫测。它可以在瞬间出现或消失。而另一方面，盛放则可长期逗留。我们可以盛放同时是幸福的；我们也可以盛放同时是悲伤的。我们可以盛放同时体验快乐或痛苦。任何时候，只要我们与正在发生的事情一起——而不是借由——创造，我们就在盛放。盛放是古希腊哲学家所称的 eudaimonia，它可被译为“有内在的善灵魂（或魔鬼）”。他们认为 eudaimonia 是最高的善。当我们盛放的时候，就算麻烦出现，我们也不只是“处理”它，而是因它而兴盛。看似狗屎的东西变成了 sh!t：充满创造性突破的潜力，让我们保持在最佳的适应状态。

幸运的是，人类是天生的盛放者和生存者。在对危险作出如此令人赞叹的反应的生物回路中，同样蕴藏着以创造性的和独特的方式有意识地回应问题的能力。在我们的道路上，每一个跌宕起伏都可以帮助控制我们的生物学意义上的布线，确保我们能在当下开启，实现从生存到盛放的转换。突破生命动力学可以帮助我们破解如何持续地创造、合作和贡献，而不是沮丧、畏惧或紧张。

在 3D 中生活

我们每个人都可以在瞬间从生存转向盛放。我们对我们的头脑和身体是如何运作的了解得越多，就越能辨别它们所处的状态。我们对我们的状态感觉能解读的越多，我们就越能选择是否，以及如何去改变它。当我们知道了我们的生物学魔术关键部分的运作方式时，比如前额叶皮层、脑岛和迷走神经，我们就可以更有意识地选择它们做什么。研究表明，理解我们的生物学对我们有赋能作用。一项研究发现，人们可以通过选择是否聚焦于自己更“敏捷”的头脑或更“活跃”的腹部来学习如何激活或放松大脑的某些区域！[8]

理想情况下，我们会熟悉与生存和压力相关以及对应的与盛放和创造力相关的感觉和体验。这样我们就被更多地赋能以在这两种感觉体验之间随意切换线路。为了帮助理解，下图“**身・心**”总结了一些帮助我们生存和盛放的心智及身体的关键区域（注意，为了便于使用，它被简化了。当代研究表明，心智或身体的任何部分都不止一个功能）。

我们大多数人都被教育认为心智和身体是不同的东西。这不是因为每个人都相信这一点，只是它被嵌入到了大多数的现代思想中。我们心情有什么问题就去看心理医生，身体有什么问题就去看内科医生。法国哲学家勒奈・笛卡尔

身·心

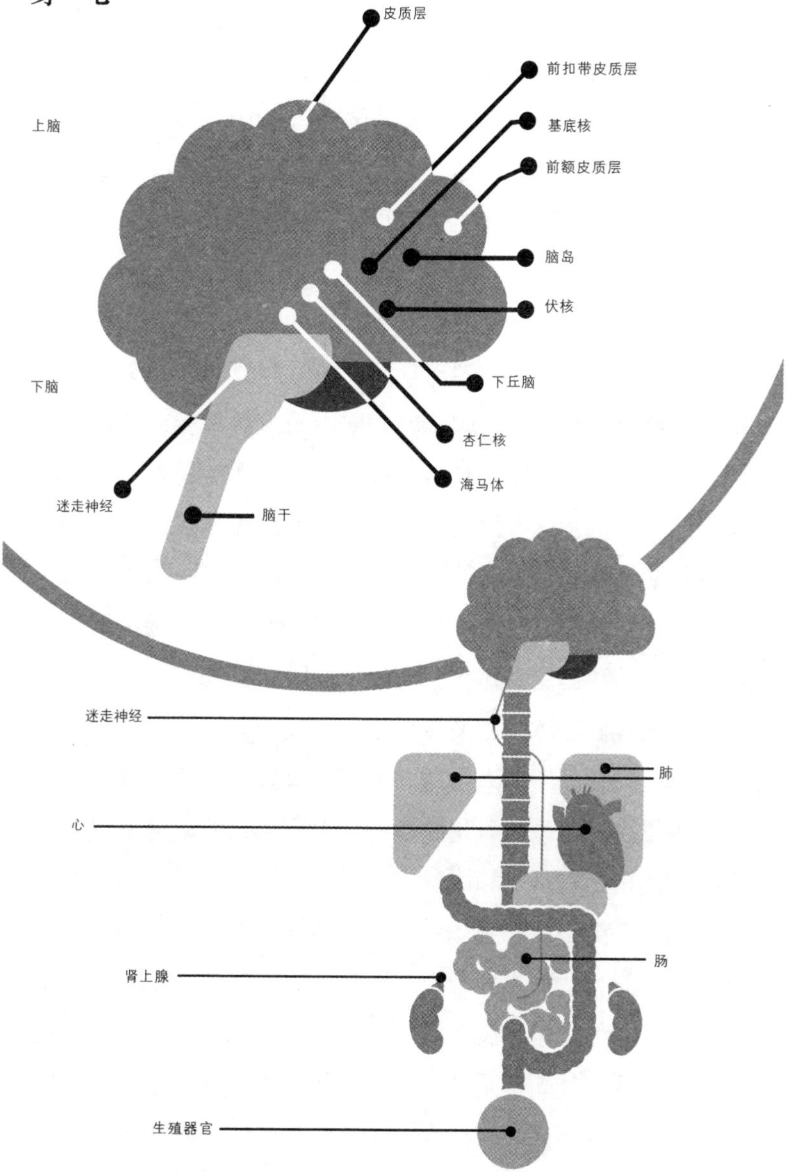
皮质层
前扣带皮质层
基底核
前额皮质层
上脑
脑岛
伏核
下丘脑
下脑
杏仁核
海马体
迷走神经
脑干
迷走神经
肺
心
肠
肾上腺
生殖器官

(Rene Descartes) 早在17世纪就将这种分裂固化了，他说有“精神的东西”和“物质的东西”(即“身体的东西”)。他相信精神的东西控制身体的东西；然而，当我们生病时，也受它所限。这一理论至今仍然被固化于我们生活的世界的核心。许多医生、科学家、律师、政客和经济学家都愉快地谈论着他们的生意，不知不觉中相信心智控制着身体（并且它们是各自独立的东西)。

然而，如今的科学期刊充斥着各种研究，表明心智和身体的相互联系性，它们各自都能以非常深奥的方式影响另一个。两者都在我们日常体验的构成中扮演着重要的角色。因此，相信心智和身体，甚至大脑和身体之间存在着一种固化且快速的部门，这不仅是被误导的，而且是危险的。我们是**具身化的**思维和思维着的身体。我们的内脏与我们的大脑对话；而我们的心脏对这两者都有影响。如果我们固执地坚持心智控制着我们的身体，我们就可能限制了我们能创造的东西，以及我们能体验到多少乐趣。研究表明，那些认为心智和身体之间是分裂的人会作出不那么看好的选择。他们陷入了一种思维认为身体只是心智的一个容器，所以随意放纵地喂给它酒精、兴奋剂和快餐。[9]

当我们把心智和身体看作一件事情时，往往就不会去强化这种分裂，我称之为身心。当然，在功能磁共振成像（fMRI）扫描仪（记录大脑中各区域血流变化的机器，显示哪些区域是活跃的，哪些不是）中，当我们思考某些事情时大脑的不同区域确实变亮。然而，认为一个事件恰好导致了另一个事件则是错误的。身心不能被归类为一种机器，就像fMRI

扫描仪一样。它是一个极为复杂的、集成的、不断适应的系统，它利用神经元和神经、荷尔蒙和递质、基因和细胞，创造出一个能在这个世界中感知、思考和行动的人类。它的所有部分都跟其他每个部分双向交互对话。

心智控制身体控制头脑

思考可以改变身体的运作方式。在一项实验中，人们被鼓励在进行视力检查之前扮演一名喷气式飞机驾驶员。结果他们的视力比那些不相信自己是飞行员的人要好。[10]在另一项研究中，一组酒店服务员被科学家告知，他们每天换床单和打扫房间的工作量相当于健康生活所建议的每日运动水平。然后这组人的体重开始下降（同时降低了体重指数和血压），持续有数周的时间。另一组没有被告知这个事实，他们的体重保持不变。[11]

心智力量甚至可以改变身体的体核温度。超级熟练的冥想者，披上冰冷潮湿的床单，能够产生如此多的内部热量以保持暖和甚至把织物烘干。[12]另一项研究的初步结果表明，通过一系列呼吸、冥想和体验练习（比如一头栽入冰冷的水中，赤身裸体躺在雪中）的方式，人们可以有意识地改变免疫系统的响应方式。[13]

相信针灸疗法的人在一次针灸结束后会感到疼痛减轻；那些不相信的人就不会。疼痛缓解甚至可以在脑部扫描中看到。更令人惊讶的是，相信针灸的人即使是做了假针灸之后，疼痛缓解的程度也跟真做了针灸的一样。[14]这种现象被称为

“安慰剂效应”，目前已经在数千种药物试验中被观察到。相信你正在服药，即使你没有，也能使身体痊愈。安慰剂可以模仿许多流行（也有利可图的）药物的益处。在一项实验中，服用假止痛片的病人在脑脊液中显示内啡肽（身体的天然止痛剂）水平升高。[15]即使病人知道治疗是假的，他们的健康也会改善，只要他们想要。[16]价格更高的安慰剂能让人康复得更快！

并不都是从大脑到身体的单行道——远非如此。在领口下面发生的事情会深远地影响到你的想法，即使你认为自己是一个完全“理性”的人。这一现象被研究者们称为“具身化认知”，并在科学界大为震动。举个例子，端着一杯热咖啡会让你觉得周围的人也“更温暖”了。拿着一个粗糙的物体，你更有可能感受到社会环境的艰难或棘手。[17]

为了帮助我们理解这种复杂性，进而可以学会掌握它，我把完全统一的身心拆分为三个不同的维度：**手**、**脑**和**心**。

	活动	**结果**	**品质**
手	做	习惯和行为	创造性
脑	想	思想和故事	真相
心	感觉	情绪	爱

像这样的三位一体，在世界各地的各种智慧传统中都可以看到。在古希腊，最初有三种创造性的缪斯：阿奥伊德

(Aoide)，歌曲缪斯（**手**）；米雷特（Melete），沉思缪斯（**脑**）；涅墨（Mneme），记忆缪斯（**心**）。在印度的吠陀哲学中，有三条通往**开悟**的路径：业（karma）(**手**的行动)、若那（jnana）(**脑**的知识）和巴克提（bhakti）(**心**之爱)。千百年来，犹太人每天都要戴经文护符匣（tefilin）：一个戴在左手，最靠近心脏的地方；另一个戴在头上。这样所有三个中心都虔诚地连接在一起。

在心理学和其他关于人类体验的科学中，我们也看到了这种三位一体的现象。首先是行为心理学（**手**）。我们发展出了用奖励和规则来改变人们行为的方法。然后，这个领域的一场革命，给我们带来了认知心理学（**脑**）。它帮助将思想与行为联系了起来，带来了新的改变工具，比如认知行为疗法（CBT）和神经语言编程（NLP）。最后，人们对我们的情绪和社会参与度如何驱动整个系统（**心**）的兴趣激增。

结果是，我们的情绪在帮助我们人生的成功方面起着至关重要的作用。与其试图压制它们，不如专心倾听它们。它们是我们主要的 GPS 导航系统。它们向我们的身心发出信号是靠近还是远离某个事物。它们为我们提供了吸引或排斥的**刺激**。恐惧使我们远离威胁。爱把我们拉向可以关心我们的人。杰出的神经学家安东尼奥·达马西奥（Antonio Damasio）指出，情绪大脑受损的患者不能作出简单的“理性”判断。[18] 决策看起来好像是依赖于头**脑**，但没有**心**就无能为力，没有**手**就无所谓力。先驱神经心理学家丹·西格尔（Dan Siegel）教授认为，整个情感系统的布线都是为了和其他的部分连接在一起。至关重要地，我们需要**手**、**脑**和**心**的整合和协调——如果我们想要取得并且保持突破的话。

思想并不都是它被吹捧的那样

尽管我们倾向于认为理性是人类的最高属性，但我们的意识、理性的头脑实际上是非常有限的，并且非常容易犯错。在任何时候，我们只能保持大约 7 个离散信息（这就是为什么 7 位数以上的电话号码非常难以记住），而我们的潜意识可以保持 10^{14} 个或更多。这实在是一个很大的数字。把这么多张复印纸在地板上叠起来，它可以延伸到金星再回来……两次！

即使我们非常努力地专注于某件事情，还是往往没能看到本来看似不可能错过的东西。在一个经典的实验中，人们会看到一群学生在传递一个球的视频片段。[剧透提示：在你继续阅读之前，你可以在线观看。搜索丹尼尔·西蒙斯（Daniel Simons）的“选择性注意力测试”] 大多数人都没能注意到那个穿着大猩猩衣服的人在附近游荡。这一现象被称为“变盲”，它表明，即使我们认为自己处于警醒及良好竞技状态，我们也经常会愚弄自己。

生存之旅 vs. 盛放之路

无论什么时候只要我们从事于生存或盛放的实践（尽管它看起来当然很不一样，取决于哪一个被激活），美妙的生物活性的和谐之波就贯穿我们的**手**、**脑**和**心**。

当面对压力时，整个身心会迅速调动起来，只有一个目标：取得应对危险所需的优势。有些人在遇到威胁时（真实的或想象的）会举起拳头（**手**）、产生气愤的想法（**脑**）和愤怒（**心**）。这是“战斗”的反应。另一些人则倾向于向内走，手掌朝向危险（**手**）、产生恐惧的想法（**脑**）和感到害怕（**心**）。这是“逃跑”的反应。在现实中，每个人都在使用这两种反应，但随着时间的推移，每个人都倾向于偏爱某一种。

除了战斗或逃跑，我们还有第三种选择应对威胁，就是“冻结”，世界各地的孩子们都知道的“装死”。其原理是，食肉动物不太可能食用已经腐烂了一段时间的肉，因为它会带来更大的患病风险（以及更少的营养）。所以，当我们真的惊慌失措时，我们就会立刻陷入“远光灯中的鹿”的感受。这在被捕猎时可能非常有用，但如果是在约会或开会时，它确实会阻碍我们的盛放。

无论我们是在战斗、逃跑还是冻结模式下，我们的前额皮质层都会关闭。在这些时刻，清醒、冷静的思考完全没有可能。我们的情绪被激活，大量的神经递质和激素在身心各处触发。下丘脑——它连接神经系统和荷尔蒙系统，释放出一种叫作促肾上腺皮质激素释放激素的物质，以刺激整个身心进入战斗或逃跑状态。然后，极其强大的激素皮质醇在我们体内运动，一路冲击着一切。接下来，肾上腺素注入全身，使我们心率加快、呼吸急促而短浅（一个确信的方法告诉我们是否有压力)。只要一次深呼吸就能让系统恢复一点并让你向放松转变。现在就试一试……

吸气……(停顿)然后呼出……放松……

同时，回到行动。当我们处于压力之下时，皮质醇会告诉我们的细胞尽可能地保存能量，以供给那些战斗着的拳头或逃跑着的双腿。交感神经系统被激活，绷紧我们的肌肉(或让我们轻快如飞)。葡萄糖从储存中释放，为我们的四肢提供动力，以备我们战斗或逃跑之需。皮质醇也会关闭免疫系统，使重要的资源能够集中在眼前的威胁上，而不是击败细菌。皮质醇是如此强大，以致会损害脑细胞，特别是那些处理记忆和感觉的细胞。这实际上是大脑发生病变最常见的原因。[19]这里没有什么微妙的地方。这是我们的基本生存机制，它压倒一切。

这就是生存之旅，对此我们很多人都很熟悉，因为我们很多时候都生活在它的一个敏感的版本中。即使经过多年的自我控制修炼，我还是会经常感到自己因为一些实在不是生死攸关的事情而倍感压力。当我们在工作中经历争吵、应付超过最后期限、受到伴侣的批评，或有孩子想要耍闹的时候，都会发生这种情况。其中任何一种，以及更多的一千种，都能触发我们进入压力反应。我们可能卡住几天、几周，有时几年，然后使我们一蹶不振，破坏我们兴盛的能力。我们幸存于每一天挥之不去的烦恼和磨难之中……但从长远来看，是以盛放为代价。

相对于生存的驱动力是由应激反应控制，盛放的驱动力则是由**重新连接反应**控制的［20 世纪 70 年代，哈佛大学医学家赫伯特·本森（Herbert Benson）把这称为“放松反应”］。欢迎来到原始的自然高地。你可以在第 119 页查看一些可以帮助你激活它的实操方法。当我们感到安全和被支撑的时候，我们就会放松。这是“战斗或逃跑反应”的等价对立版本[20]。重新连接反应的特点是好奇心、开放性和兴趣，而不是愤怒和恐惧。我们用开放的**心**、**脑**和**手**来参与到各种事件和挑战中去，而不是把它们关闭。我们想要连接、沟通，以及，尤其是，创造！当我们创造时，我们感到更有信心、对我们的生活更有控制感、与世界更加融合。这是最好的我们，享受**盛放之路**。

在压力下保持冷静

前额皮质层对注意力和动机至关重要。它是大脑中最后进化的部分并消耗大部分的能量。它与大脑的许多部分“对话”，建立起一个我们经历挑战时如何应对它的框架。有了这种智慧，它可以帮助我们控制冲动、抑制杏仁核，所以我们不会永远被恐惧所激发。来自我们整个身体、海马体（在记忆中起着关键作用），以及大脑皮层的信息都进入这个区域。它是“上脑”的隐喻中心，帮助我们保持由情绪指导的“下脑”不至于过度激动。

然而，当处于压力之下时，前额皮质层并不能很好地工作。我们必须等待，直到我们平静下来它才能为我们提供智慧。在压力之下，我们的身心是依赖习惯而不是从事于随机应变的纯粹创造。前额皮质层直到我们二十出头时才发育完全，这就是为什么青少年会有这样一段冲动控制和情绪反应的艰难时期：对低冲动控制力的人——瘾君子和那些多动症（ADHD，注意力缺陷多动障碍）患者——的功能磁共振成像扫描显示，这个区域的活动减少。

另一方面，对于经常冥想、已经建立了专注力和镇定能力的人，显示出前额皮质层有明显的增厚。如果我们是非常反应性的，我们可以学习开启我们的上脑，抑制下脑——情绪部分。这不是因为我们要否定情绪，而是我们想要充分地了解它们。当它们在我们身心里乱跑触发各种反应的时候，我们做不到。

近年来，人们对主张有两种不同类型的思维方式的理论产生了浓厚的兴趣。在当前的观点中，第一种类型的思维特点是对环境的快速评估，从我们的情绪、记忆和条件性关联中提取信息以理解事件，并为我们的行动做好准备。它更依赖于下脑而不是上脑，而且几乎是自动的。第二种类型的思维需要更长的时间来启动，但给了我们更多的机会去思考我们正在做的事情，然后选择一个最优的回应。它更多地与上脑联系在一起。一项研究似乎表明，创造性要求我们协调这两种思维方式。[21]

当我们放松并与世界连接时，开放性和享受性的荷尔蒙就会释放出来（例如乙酰胆碱和内啡肽，像血清素和催产素）。它们在一起工作时，就会减慢一切的节奏，包括我们

的呼吸、血压、心率和新陈代谢。这似乎可以改善线粒体产生能量的功能以及胰岛素在体内的作用。放松改变了我们的基因表达方式，减少了细胞的死亡和炎症。[22]伤口愈合得更快，干细胞变得更加活跃，我们开始更敏捷地思考。[23]学习和记忆都得到了改善。[24]

迷走神经——它在大脑和所有内部器官中到处游荡，被认为是当我们放松或热爱生活时负责在我们胸中形成温暖和膨胀的感觉。[25]人们早就知道它会将指令从大脑传送到心脏、肺和胃。然而，直到最近，医护人员才发现，在迷走神经中90%的纤维是向上走的，从身体的核心向大脑传递信息，而不是相反。[26]迷走神经控制着副交感神经系统，它能抑制我们过分紧张的交感神经系统，而且似乎能促使脑组织和神经元的修复。[27]

当我们与自己重新连接时，我们就会放松。当我们这样做的时候，我们的心跳间隔的长度就变得更加多变。这可以用某种被称为 HRV，或心率变异性的仪器来测量。长期被认为是不相关的噪声的 HRV 表明我们是在应激反应和重新连接反应之间的什么位置。如果我们压力过大，就会有一个低的 HRV（与抑郁症有关）。更多的放松会使我们有一个高的 HRV，这与盛放性——在遭到弧线球打击后比以往任何时候都更快、更强反弹的能力——有关。[28]

是利用我们的生物学在生存之旅消磨，还是在盛放之路投入地生活，都取决于我们自己。无论我们过去发生了什么，每个时刻都是一个开启并从生存转变为盛放的机会。我们这样做得越多，就越是为突破打开了自己。

突破曲线

大自然把我们进化成具有独特能力的生物，能够向问题开启，而不是在与它们战斗或逃离它们中关闭。当我们这样做时，我们突出地表现了我们的**创造性精神**，它使我们成为已知**宇宙**中最令人惊叹的解决问题的有机体。通过一次又一次地创新摆脱灾难的方法，在仅仅 10000 年的时间里，我们已经从只有大约 100 种工具（例如一块打磨斧头的燧石或一块用来覆盖我们生殖器的腰布）发展到 1010 种工具。我们都乐意分享我们有着一个能以惊人的可靠性突破问题的身心。

突破是我们与生俱来的权利。我们每个人都有神经生物学意义上的能力，可以在任何情况下都具有创造性。然而，我们的**手**、**脑**和**心**倾向于恐惧和反应，而不是创造力和想象力。直到我们选择开启之前，它们都会这样做。然而，如果我们在只想战斗或逃跑时能保持开放、创造性和灵活性，我们随时都可以享受突破。通过学习如何重新连接我们的**心**，感受爱而不是恐惧，我们可以用好奇和勇气战胜压力。通过重新连接我们的头**脑**，保持开放的思想而不是关闭，我们可以接受新的可能性。然后，随着想象力的流动，我们可以用**手**——时刻准备着用它的技巧精心制作一些杰出的东西——把世界上的任何东西混合在一起。

每一颗**心**，无论受伤多深，都能疗愈。每一个头**脑**，无论多么僵硬、多么害怕，总能找到一个方法去想象和希望。每一双**手**和脚，不管如何受着瘾癖或坏习惯的折磨，都能找到一种流变的方法。

你生来就是要开启、突破和盛放的。当你阅读

这本书

时，你全然、永久的突破所需要的一切都在你的内在。即使是抑郁、焦虑、惊恐万状、神经过敏——显然带有一些遗传和生物化学的成分——都可以重新混合，如此你就可以更舒适、更平和地适应你今天生活于其中的现实。

迷走吧，宝贝，迷走

研究表明，具有非常活跃的迷走神经的人——即使在休息时——更富同情心、感恩、爱和幸福感。他们有高度的迷走紧张。我们的迷走紧张度越高，我们就越正向积极。具有高迷走紧张的儿童更乐于助人、乐于合作和慷慨。[29]你可以训练自己有更高的迷走紧张，从而对事件作出更积极和灵活的回应。这个放大我们正面情绪的过程可以增强大脑的可塑性。我们的前额皮质层——负责抑制恐惧、帮助我们专注——得到了提升，而我们的杏仁核就明显变得更放松了。医生们一直在试验刺激胸腔内的迷走神经，它被证实对治疗抑郁症很有帮助，可以提高卒中瘫痪后的康复速度。[30]

大脑中被称为脑岛的部分是盛放之路的关键。脑岛是大脑和身体之间的接口，它帮助我们理解世界，并试图将一切保持在一个统一和平衡的状态。对遭受很多创伤和压力的人来说，它是不正常的。高级的冥想者、有经验的战士以及顶尖的运动员都有高度发达的脑岛。他们具有一种更强的能力

去感知他们身体里正在发生的事情。美国海军特种部队人员在他们预感到情绪状态有变化时，显示出他们脑岛的活性增加，这有助于他们在战场上的紧张时刻保持最佳状态。[31]增加了脑岛活性的精锐部队或冥想者，他们的迷走紧张也有增强，这有助于他们在压力下表现得更好。[32]脑岛甚至可以被直接刺激，以创造狂喜、极喜以及与宇宙合一的感觉！

研究表明，你在生活中成为什么样的人，至少有50%取决于你的选择而不是你的基因。[33]甚至优越的身体素质也是50%取决于精神和心理因素，而不是身体的构造[34]。如果我们知道如何重新连接、重新布线、重新混合，我们就能从任何事情中恢复过来。

至于突破是如何破土，然后爆发（成为永久植根的和具身化的），似乎有一个基本的蓝图。我已经从诸如新的化学物质如何产生到民主制如何形成中［在姐妹篇《开启：突破的奇迹》(*Switch On*：*The Wonder of Breakthrough*）中有更多的关于这方面的信息，你可以在网上找到］，发现了这一模式。突破的旅程似乎勾画出字母“J”的形状。我把这款J型曲线称为**突破曲线**。这本书的结构就是围绕着突破曲线展开的。虽然实际的突破经历——从最初的问题到“啊哈！”，可以内在地在几分钟内发生，甚至是几秒钟的练习，但把这个旅程分成十个阶段，我们就可以深入地学习如何掌握每一个步骤。在本书中，每一阶段都用一个章节来论述。

突破曲线

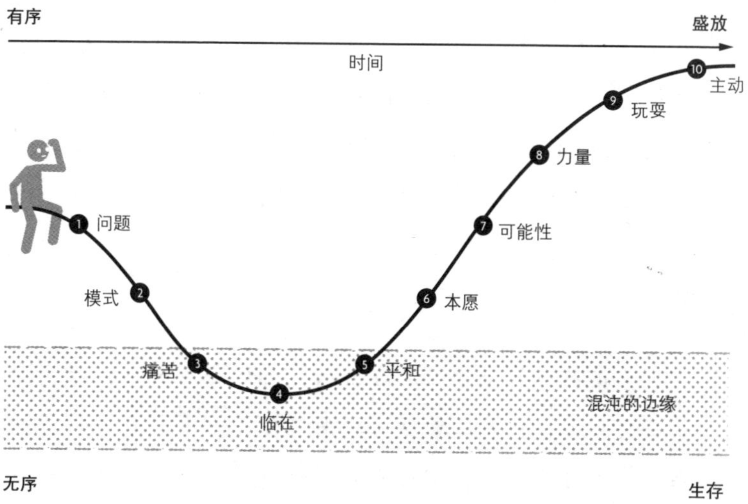

通过理解突破曲线，我们可以通过催化内部创造性进程来避免数年的时间浪费。我们既可以减少取得突破的时间，又可以从一开始就节省需要投入的精力！

重新连接，重新布线，重新混合

感受一下在生活中任何你感到卡住的领域体验到一次改变生命的突破是什么样的感觉。继续。

现在！

这个突破，以及许多这样的突破，正在你生活的每个角落等着你。你可以从任何问题开始，不管它看起来多么平凡，为它的解决打开可能性。无论它对我们做了什么，我们总是可以选择以创造性的方式去解读事件。即使是在这个世界上所能看到的最糟糕的地方，人们还是可以选择向生活开启，而不是逃避、责备、羞辱或抱怨。精神病学家维克多·弗兰克尔（Victor Frankl）在奥斯维辛度过了一段时间，我的曾祖父母、叔曾祖母和叔曾祖也都死于那里。在他见解深刻的《活出生命的意义》（*Man's Search for Meaning*）一书中，他宣称：

> 我们这些在集中营生活过的人，都记得那些走过一个个屋子安慰别人、把自己最后一块面包给了别人的人。这样的人在数量上可能不多，但足以说明一点：有一样东西你是不能从人的手中夺去的，那就是最宝贵的自由，人们一直拥有在任何环境中选择自己的态度和行为方式的自由。

即使在最恶劣的年代，我们也总是可以开启，创造一些有意义的东西，贡献一些宝贵的东西。就像身体中的细胞吸收外界的营养并将其转化为能量或蛋白质一样，我们也可以将问题**新陈代谢**为可能性——充分而无畏地投入其中，把它们带入我们创造性精神自由流动的内在。突破生命动力学的新兴科学告诉我们，我们需要强烈的情感来帮助自己做到这一点。情感要么会让我们堕落（盛怒、怨恨、内疚、羞耻等），要么会激励我们。愤怒、恐惧和痛苦都注定要把我们锁住，让历史重演。如果想要要改变事物的话，诸如激情、激励，还有，我敢说，爱等情感是至关重要的。如果想要突破这些问题，我们需要获得比我们的问题更大更丰富的东西。

细菌只会破坏吗？

从一个冷漠、干净、有序的大脑计算机中产生不了新鲜、清新、包装好的想法。相反，它们是从令人眼花缭乱的有机复杂性中爆发出来的，其中包括心脏和肠道中的神经元（不只是我们的大脑）与肠道中的细菌。最近发现，人类肠道内大约有1亿个神经，这比整个脊柱的神经都要多。这个“第二大脑”和猫的大脑大小差不多。它使用超过30种神经递质，包含95%的身体血清素（一种对我们的健康感和幸福感有重要贡献的物质）。[35]

除了数以百万计的神经外，肠道内还有数以万亿计的细菌。事实上，身体中的细菌细胞比人体细胞多10到100倍。它们对我们的影响是巨大的。肠道细菌的种类和行为会影响我们的情绪、思想和行为，并导致压力、抑郁和增加的腰围。在一项研究中，医务人员将肥胖老鼠体内发现的细菌放入瘦老鼠的肠道中，皮包骨头的老鼠体重会增加。将瘦老鼠的细菌放入肥胖老鼠体内，胖乎乎的老鼠就会减肥。[36]

肠道内的细菌可能是通过迷走神经得以影响大脑，尤其是下丘脑——它对我们生存驱动力起到关键的作用。长期被认为是大脑问题的帕金森病，实际上可能是由肠道的“第二大脑”问题引发的。这种疾病可能会沿着迷走神经在大脑中传播。[37]

爱、连接、希望的感觉——都是由催产素、血清素、脑

岛、前额皮质层、迷走神经，还有更多物质的生物学为基础所构成——能消除压力、释放我们内在的创造性精神。爱是一种伟大的突触溶剂，它能溶解旧的想法（以及编码它们的神经通路），让新的想法得以破茧而出。人们在感受浪漫的爱情时会更开阔、更少分析地去思考、有更长远的眼光、更有创造力。当被打开但不在爱中时，他们会以一种更短期和更缺乏创造性的方式思考。[38]想象一下，一项针对爱的情感对我们自己和生活本身、对我们的创造性之影响的研究会是怎样的结果！

我们感受到的爱越多，就越能提出更宏大、更大胆的想法。如果我们对一个更好的世界之承诺爱得神魂颠倒，我们就会尽我们的一份力量把它变成现实。偶像级革命家切·格瓦拉（Che Guevara）如是说："冒着看似荒谬的风险，我要说，真正的革命者是由一种伟大的爱的感觉所指引。"[39]圣雄甘地（Mahatma Gandhi）、纳尔逊·曼德拉（Nelson Mandela）和马丁·路德·金（Martin Luther King）也都知道这一点，这就是为什么他们能够领导如此震撼世界的突破，影响了数百万人的生命（并继续影响着）。我们回想起这三位伟大领袖是有原因的。他们如此深刻地改变了世界，是因为他们鼓励并赋能于我们去开启——**手**、**脑**和**心**——当我们源于爱、真理和创造力时的可能性。我们喜欢被它提醒！

我们越是与爱连接在一起，我们就越能重新布线我们的大脑和身体去盛放。我们越多地用新的、更有创意的习惯来重新布线老的习惯，我们就越能重新混合我们的世界，以使它成为我们想要的样子。我们越多地重新混合，我们——以及我们爱的、与其一起工作的和依靠的人——就越有可能一起盛放。当我们知道如何释放我们的创新精神，将它从恐惧和挫折中解放出来，我们就能迅速地发挥我们的集体潜能，一起创造出天下大同的辉煌世界。每时每刻，一个神经元接着一个神经元，一行代码接着一行代码。

问题是自然的。痛苦可能是不可避免的。唯有苦难是可选择的，因为突破一直都在那里恭候。

突破不是什么有待证实的东西。它不是被博弈的。它与真实的问题一起实时地发生。我们需要一点真正的勇气来创造一颗鲜艳明亮的珍珠。因此，我邀请你阅读这本书的剩余部分，在心里带着一个实实在在的问题，一个真正影响你生命的问题。从彩排到现场直播。

- 你最希望摆脱的问题是什么？
- 你想要永久性地改变什么限制、障碍或恐惧，以使你能创造出一些惊人的东西？
- 什么痛苦或苦难阻碍着你，阻止你在你能去到的高度飞翔？

不管你挑选的是什么问题，如果它让你感到彻底的情绪低落——压力重重、消极、卡住、喜怒无常，或任何什么——它就有内在的活力驱动一个突破。失败是成功之母。从束缚中，自由就会出现。在**混沌**中，天才将被锻造。系好你的安全带，选择一个美妙迷人的问题，和我一起去——开启。

译者序

为什么人类从万类中脱颖而出进化到了生物链的顶层，幸福却与我们渐行渐远？

为什么我们要以只争朝夕的紧迫感耗费我们绝大部分（如果不是全部的话）的精力，以地球不堪重负的资源消耗来建筑所谓的物质文明大厦？

为什么在如此发达的物质文明时代，充斥在空气中的还是争斗、贪婪、恐怖、难民和饥饿？

对于这些萦绕在我们每一个有点理性的人脑际的问题，尼克·塞内卡·扬克尔（本书的作者）给出了他独到的见解和答案。

《开启》是一本关于盛放的书。盛放，是一种自然、自由、创造性地（而不是破坏性地）活出所有可能性的状态。花是盛放的；草是盛放的；鸟是盛放的；狗是盛放的……“鹰击长空，鱼翔浅底，万类霜天竞自由”。人，万类中最具创造性的生物，应该是最盛放的。

作者通过自身的实践和大量的探索，从盛放的过程中凝炼出 10 个步骤：问题、模式、痛苦、临在、平和、本愿、可能性、力量、玩耍、主动。并按能量（盛放程度）及时间两个维度展开创立了一个“突破曲线”模型。

乍一看，那个小而不起眼的J形曲线似乎没什么新意，猜想接下来的内容不外乎就是一些司空见惯的、机械式的流程说明而已。殊不知，作者将每一个步骤用一整个章节来论述，以风趣的文字、生动的实例旁征博引而引人入胜；以彻底的实证主义而令人信服。特别令人感到酣畅淋漓的是，作者以贯穿从人之最原始的痛苦——“分离的焦虑”，到最古老的智慧、最究竟的灵性——与宇宙的合一，到最前沿的科学（包括生物动力学、神经生物学、超个人心理学、人类学、复杂性科学及量子力学等）这样一种广度和张力；以亲身的体验、科学的探索和研究这样一种深度；加之以对人类和宇宙的终极关怀这样一种共情和激情，为我们揭示了一部在我看来是迄今为止最赋能、最具积极意义也最令人心服口服的人生哲学。

最终，作者想要让我们信服的是：盛放是人的本性；我们与生俱来就具足了所有盛放所需的一切：本愿、智慧和力量，只要我们找到回家的路——与“大U”（宇宙）的合一。

一切都是量子力学惹的祸。如果说古老的东方智慧——无论是“合一”“虚空”“道”——还是一种直觉或信仰的话，那么，随着“量子纠缠”的现象被证实，一切的不可思议都瞬间变得可以思议了。

或许，我们可以把那种盛放的状态跟“量子汤”联系起来？

翻译，尽管是一种文字的转换或还有些公允的原则（如信达雅）约束，终究还是一件非常个性化的事。我曾经有意识地找来了《茶花女》的英文版和两个中译版，对照着看不同的译者对原文的不同表达，真是感慨良多！要翻译一本外文著作，需要在涉及的内容（专业）、对源语言的把握、目标语言的表达，以及通篇的语言风格、文情效果等方面有一个比较全面的拿捏。严格地说要做到完全的传神达意是不可能的。唯有希望自己能通过实践精益求精，为不同文化之间的交流，传播智慧添砖加瓦。看到一本看了之后忍不住想要跟人分享的好书，能够通过自己心的连接和体会、脑的思考和理解亲手翻译出来，也不失为幸事一桩了吧。

挑战激发即兴；威胁召唤适应；限制邀请转变。这是整个进化过程都孕育其中的——宇宙的“源代码”。

致谢！

王　丁

2018年8月

第 1 章

问 题

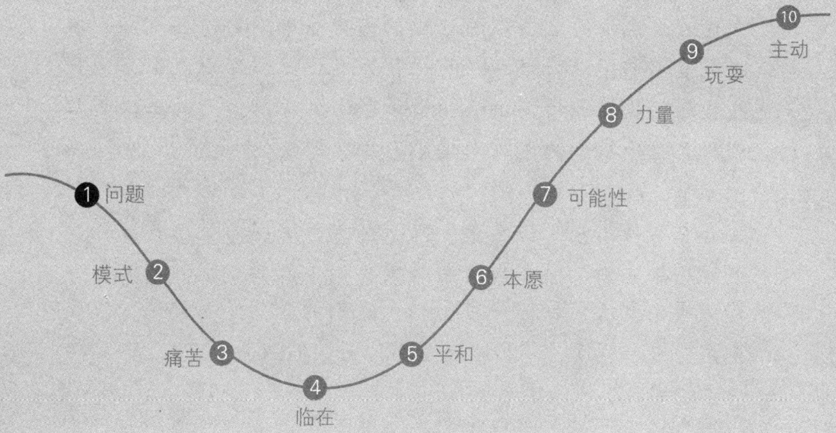

问题在人类历史上一直被冠以不好的名声。冲突、侵略、失败、局限和失望很少会被看作喜乐的来源而受到欢迎。然而，一旦超越最初的烈度，我们便可以开始欣赏它们，将其看作价值巨大的成长之源。问题迫使我们去突破它们。人类一直利用挑战来激发、点燃和聚焦创造——无论是在科学、商业还是艺术领域。无论遇到多大的挫折或恐惧，我们都可以通过主有我们所遇到的每个问题，从而将制约束缚转化为创造力之棱镜。就像铁匠把铁在熔炉里炼成钢一样，只要把问题带进我们的影响力范围，就可以在我们的内在熔炉里把问题转化成可能性。每一次危机都给我们提供了一个转折点，一次转变的机会。毕竟，没有问题，就没有什么可以突破的了。

轰！

这就是生命的诸多弧线球中的一个击中我们要害时——就在我们最不期望的时候——的一种声音。保镖发现我们有藏匿物，把我们从俱乐部踢出来并报了警。大考前一天晚上我们惊慌失措，为一辈子的失败而惶恐不已。深爱的人竟然是个不专一的家伙，我们心碎不已。孩子患病，我们无能为力。亲戚说他们正在闹离婚，搞得整个家族不得安宁。以为进展良好的项目开始摇摇欲坠，如何阻止其崩塌我们毫无头绪。到期的资金落空，我们无法采取下一步行动。我们的信用卡账单——满是假期消费——到了，正好老板宣布又一轮的裁员……

面对现实吧，生活多半不是按计划来的。总是有比轻易赢的来得更多的弧线球。即使你不觉得你有任何如此这般的“问题”，我敢打赌你也免不了时不时地感到卡住、无聊、不幸或疲惫。日常生活中这些平凡时刻——对朋友的懊恼或对合作伙伴的恼怒——为突破提供了完美的训练场。那么当要紧事来的时候，也许是我们的职业、健康或者婚姻出现危机时，我们就会对自己的创造力有信心，并即刻找到前行的路。

问题是通达可能性的门户

问题只不过是生活中任何你还没盛放到发挥全部潜力时的情况。问题越激烈，你就会越多地经由自身注意到它们。身体上，你的手、腿和肌肉可能会感到紧张、焦虑或有压力。头脑里，你可能会责怪、羞辱或者抱怨他人（包括对自己发牢骚）。情绪上，在心中你可能会感到受伤、喜怒无常或莫名的心烦意乱。快速扫描这三个维度，看看你的场域里是否有什么阻碍了此刻成为你生命中迄今最美好的时光……

当然，并非所有问题都是一样的：有些只要我们自己专心致志就可破解；有些似乎困扰钳制了我们多年；有些似乎每个人都有；有些似乎为我们独有；我们告诉自己，有些是因为“世界就是这样的”，从而让自己屈从于它们的限制。每个问题的共同之处就在于总能将其突破。我从无数人那里得到了鼓舞——他们从可怕的疾病、自然灾害、战争和饥荒中回来，利用他们的问题打开了非凡生活的可能性。他们让我重拾信心，我的每个问题，即便生死攸关，都可揭示出一条康庄大道，借此成就一个更智慧、更明朗、更慷慨的新版本的自己。

问题并不仅仅阻碍我们做我们想做的事或达成我们的愿望，也让我们得以瞥见我们已然成为的色彩斑斓的自己。它们揭示了我们个性的形状、才能的边界，以及想象的活力。

帮助我们看到自己在哪里被关闭了、卡住了或显得固执，又在哪里感应到了生命突破的无限可能性。倘若我们想要适应所在的环境，问题就会给我们指出我们需要成长和拓展的部分。无论是汽车无法启动还是项目不顺触礁，我们总是可以通过全身心投入到问题中去而得到学习和成长。这就是突破之路，这就是盛放之道！

所有的创造力都需要一些素材。画家或音乐家需要一个媒介来创作，比如青铜制品、喷绘或者电子乐器。同样，生活艺术家们需要一种介质来塑造灿烂：问题。我们的媒介是由我们生活中有挑战性的经历、事件和遭遇组成的。当事事顺心如意时，我们没有什么功课可做。当事情变得棘手时，我们就有了推动自己去发明和想象的突破的原材料。挑战要求即兴；威胁召唤适应；限制邀请转变。这是孕育于整个进化过程之中的宇宙的“源代码”。

从阿米巴原虫到苹果电脑，每个新问题都带来了探索、实验和最终掌握我们生活新面向的机会，此为这个星球上所有生命的运作方式。所有生命都是化解问题的过程——正是没能击垮我们的，成就了我们。

你可能马上会想到，“等等，像贫穷、虐童和疾病这些东西可不是礼物”。我同意，它们是悲剧，我们将在本书的最后聚焦人类面临的问题（参见第 10 章）。暂且把这个想法搁置，思考一下：问题的定义是什么？

我想说，只有当问题妨碍你盛放的时候它才是个问题。这意味着问题就是那些阻止你平和，阻碍你活出本愿，或限制你的力量感的东西。生活中有许多事情我们无法控制。但我们总是能够控制我们感到有多平和、多有意义，以及我们调用多少力量。这意味着所有的问题，从可怕的到平凡的，都可以在我们内部转变为更平和、更有意义以及更有力量的可能性。倘若我们已经把这些品质最大化了，那么议题一定不会成为问题。如果没有问题，我们就不会被敦促去加码游戏以成就更多。

当我们服用低剂量的毒药时，它会刺激我们的身体变得更健康。然而过量的话，我们就死了。一杯红葡萄酒可以使我们更健康，十杯就会导致可怕的宿醉并可能引起酒精中毒。[1]同样的道理，有点压力会刺激我们向内挖掘新的成长路径，这被称为良性压力。然而太多的未解决的问题则可能会导致烦恼忧愁。

良性压力和烦恼忧愁倒也并非那么“真实”，因为一个人的良性压力很可能是另外一个人的烦恼忧愁。我们的经验与我们如何看待问题有着内在联系。所有问题都会随着我们看待它的角度不同而变化。例如，我可能会将我的死亡视作一件令人失望的大坏事，但对于寄生虫来说这真是一大好事。同样的情况对各人的影响截然不同，而我们都对我们的看法负责——至少部分地。问题可能会影响每个人（例如全球变暖），但不会致使所有人以同样的方式作出反应。我们的反应总是我们所特有的，并最终取决于我们所持的观点。我们如何反应依赖于我们看待世界的惯用**框架**。例如，想想对耐克品牌的产品和看起来相似但没有标志的鞋子之间看待方式的区别。

你的问题在别人眼里可能看起来怎样？比如你的朋友？对于以前经历过类似问题并得以破解的人们呢？对于特蕾莎修女？对于史蒂夫·乔布斯？只要你能想象，总有一人不把它看作一个问题而是一个通向新的可能性之门，无论是曼德拉、甘地、耶稣、佛陀、艾迪·伊扎德还是谁。你就知道，必定有一种行为方式（**手**）、一种思维方式（**脑**）和一种存在方式（**心**），帮助你突破问题并成长。

由于我们从特定角度看待问题，我们是以某种方式参与（共谋）了我们的问题。这可能听起来有点挑战性，但实际上却是个很棒的消息。我们只有参与到对问题的看法和感受中，然后才能够改变它们。所以……

呼吸

你所有的问题（现在的和将来的）都是可变的。你所面对的每个问题都可以不同的方式去看。它可以是一种良性压力抑或悲伤的来源，而选择权属于你。是狗屎还是 sh!t？你来选。你可以简单地通过改变你的框架从一个切换到另一个。

问题是，麻烦总会不期而遇。你的未来可能会遭遇疾病、离婚、裁员、破产或更糟。不要冲着信差喊叫，因为你终将在某个时间点不得不面对所爱之人的死去、气候变化的影响，以及自己死亡的进程。所以，（为了你）你越快操练将问题代谢转化成为更多的平和、本愿和力量的可能性，就能越早在此时此地得到盛放。就在今天。

于是问题就变成了：我们需要如何行动、思考和感受问题从而每次都能突破它们。

每一个伟大的突破都从一个好的危机开始

世界上许多伟大的故事都是从一个有相当大问题的人物开始。问题越有趣，故事就越吸引人。哈利·波特的问题就是父母被杀，他必须完全孤立地面对世界和邪恶的巫师。卢克天行者的问题在于，他必须在学会避免“原力”的黑暗面——它甚至可以拿下最优秀的绝地武士——的同时，忍受丧父之痛。凯特尼斯·伊夫狄恩的问题是，她（或她的亲人）可能会被选中参加“饥饿游戏”，而她的家乡正处于饥饿的边缘。当男女主人公试图去解决这些问题时，每一个都很吸引我们的注意力，并且在故事中给我们留有悬念。我们想要阅读或看到最后，想要知道他们是如何破解问题的。故事实质上就是向我们展示如何处理问题的载体。

一开始，主人公（就是指生活中的我们）通常是对正在酝酿的麻烦浑然不知的。这就是我们之前的样子……

砰！

突然间，我们的老板把我们掷入其中，或者我们的孩子在一个繁忙的杂货店里耍脾气。**或大或小的危机**莫名出现。是这样吧？大多数危机只是某个隐藏但不断加剧着的问题的结果，暴露在刺眼的日光下罢了。也许是老板对我们慢慢失去了信心；或者企业变得越来越艰难。也许是孩子在学校真的不开心，还没找到方式告诉我们；或者很不爽我们最近没怎么陪伴他们。危机就像是警钟在预警某些不妥需要注意之处，我们可能要搜寻排查一番才能找到问题的真正根源。我们越早抓住它，越有可能防止被问题搞得不可开交；忽略它，它可能会变得越来越强大，就像电影中的坏人一样。我们可以在它小打小闹时作出回应，或者一直等到它火力全开。

危机，这个词对你意味着什么？它会触发一种快乐的感觉还是轻微的压力？克里西斯（Krisis，衍生出现代词语“危机”的古代希腊语词源）并不意指什么可怕的事情。它是指一个“转折点”，一个作重要决定的时刻。在这个星球的另一边，中国人发明了一个词叫作“危机”，也带着一种变化的意味。这个词包含两个字：一个意指“危急”，另一个意指“机会”。每一场危机中都蕴含危险，我们能够而且必须加以关注。然而，在处理完最紧迫的问题之后，我们也借此获得了机会。

通过善用任何危机作为转折点，我们能够从自身找到更多的平和、本愿和力量。一些智慧传统，如古希腊的“依洛西斯秘密仪式”（the Eleusinian Mysteries），甚至人为地为他们的能手制造了危机，以确保他们得到的物有所值。在历经蜕变的体验之后，很少有人会不想获得一个态度的改变或意识的转换！一个好的危机是通向彼岸的门户，它为“开启”提供了诱因。伟大的心理学家卡尔·荣格（Carl Jung）认为，即使是精神病危机也可破解为转换、改变的转折点。

所以，每一个危机都在问你：**你会转向哪边？走向未来还是过去？上到突破曲线还是回到你的舒适区（即使那里在**

变得又热又闷)?

我们可以把每一个问题视作那样一种证实：我们是被诅咒的、生活就是狗屎、上帝或父母不爱我们……这本质上是对**偏执狂**的描述。或者，我们也可以把它看作这样一种确证：宇宙正在给我们（又一个）成长和茁壮的机会……我们可以称之为普罗诺亚*或乐善笃。普罗诺亚是一个隐秘的怀疑：宇宙似乎密谋好了为我们提供可以帮助我们拓展并变得更为平和、更具本愿和更赋力量的问题。信奉普罗诺亚的人把一个事件，比如说错过公共汽车，视作一个看到自身行为如何导致其经历体验的机会。他们可能会立刻把闹钟调到更早，或者认为自己可能因此避免了一场事故而更放松。而偏执的人则会把错过公共汽车看作他们自己的懒惰、公共汽车司机的自私，或者运输系统的混乱的证据。

地球上没有哲学家或科学家能够证明偏执狂或乐善笃哪个更有效或更真实。而与此同时，你可以选择让自己觉得最有帮助和鼓舞人心的那一种。

在突破点

问题是不可避免的。尤其当我们的生活方式跟世界的发

---

* pronoia 音译，一种乐观的对善意的信任。新概念词，被定义为与妄想偏执相反的心态：乐观地信任，世界的存在旨为恩惠人类的福祉，乃是一种充满善意的恩典。恰巧同名于古拜占庭的一种福利制度。——译者注

展方式不相符时更是如此。问题——危机预示其到来——是我们没能跟上的结果，是要我们去适应的信号。如果我们卡住或不堪重负，那是因为我们还没有意识到自身内在的某些东西已经过期了。我们将不断感受到越来越大的来自周围世界的压力——无论是以新工作、新爱人还是新的健康挑战的形式——直到我们达到一个**突破点**。

在这里，旧的存在方式开始瓦解，为新方式打开空间。为了尝试一种新的、可能更好（但也可能并不更好!）的结构，孩子必须拆掉他的老乐高模型——无论有多棒。为了能让突破得以爆发，我们必须准备好放弃旧的——无论它给你多么舒适和肯定的感觉。如果我们在故有的方式上卡住又不愿意放弃，我们就无法有所突破。无论我们想要在浪漫、健康、财富、工作，还是社会整体方面取得突破，都是如此。就是这样。

问题动摇系统，危机制造动荡，迫使我们走出舒适区。如果你发现自己在流泪、生气或沉迷于什么，你可能到达了突破点。这些时刻值得被关注，从而你能得以知道你的身心向你释放的信号：你已到达突破点。接下来我们可以采取三种方式：

1. 反应

我们大多数人每天多次对问题作出反应。大声叫喊或低声诅咒，是对压力的一种经典反应。如果事情变得有点棘手，就三缄其口或者离开现场。“战或逃”反应以多种方式体现。这就是当我们以某种方式“作出反应”时所发生的，或大发雷霆，或冷战对峙。对这些反应感到不好、内疚或羞耻是没有价值的。我们大多数的反应是一再用来保护我们的、无意识的习惯。我们注定会重复它们，直到我们开启并注意到突破点。

2. 压制

除了（或代替）反应，我们可能试图把问题深埋在尽可能远离我们的意识范围之外，告诉自己它会消失或并不真的存在。我们压制它，然后通过各种转移注意力或不去想它的方式把它掩盖住。像这样的压制可能会管用上一段时间，但最终我们会开始感到那个问题在以某种方式阻碍我们。被压制的问题往往会在猝不及防的时刻冒出来，阻断我们的去路。

即使我们把问题锁起来，压力——身心对使其不舒服的改变的自然反应——也会在内部生长。我们将处于紧绷状态，需要我们以某种方式释放。我们可能会选择药物、巧克力、鸡块、葡萄酒、威士忌、工作、性、极限运动、跑步或者恶毒的言论——所有这一切都有助于给我们一个激励，使我们一时忘掉正在困扰自己的事情。任何这些活动都没有错。我们大多数人都以某种方式沉迷于某事。沉迷是一种逃避某些我们知道的现存的、深层次问题的方法。然而，如果试图以某种形式的止痛药或镇静剂来抑制抹杀这种启示我们正处在突破点上的自然信号，则只会使我们进一步沦陷在**生存之旅**中。

3. 重混

还有一个选项可用：完全地参与到问题中去，并找到创造性的方法将它重新混合。我们就在生活所在之处跟它会面。我们不再作出反应或将其压制，而是秉持总是有宝藏可以发现的信心，准备好去探索其中蕴含的教训与学识。没有完全地参与到问题中去的真正“好”的时机——除了我们开始注意到它在阻碍我们的那一刻。

问题是有用的、有价值的、至关重要的。问题服务于我们，向我们揭示我们内在的分裂之处，并召唤我们成为整体。但过于逻辑化没有任何用处，逻辑本身并不能解决涉及我们情绪的问题（且所有真正的问题都涉及情绪）。所以，如若我们想要有最深刻的**洞见**和最重大的突破，就必须把我们的整个身心——**手**、**脑**和**心**——都投入到这番混合中去。做到这一点的方法，是将我们的问题带到我们的内在，在那里我们可以调用所有才能来恰当地处理它们。那就是我们**主有问题**时所做的。

要么你主有问题，要么问题主有你

在主有我们的问题之前，我们无法在突破曲线上进一步推进。主有问题意味着放弃抱怨问题、指责或羞辱他人。如果我们听到自己这样做，那我们就还没有主有它。主有一个问题意味着放弃悲叹和呻吟，转而忙于突破。

但是，把我们的各种 sh!t 归咎于我们的父母不是会感觉很好吗？或抱怨是爱人使我们抓狂？或羞辱是孩子把事情搞得一团糟？或挖苦是朋友让我们难堪？或悲叹是经济衰退、制度、一些政客或不管是谁，导致我们的资金问题？

责怪、羞辱或抱怨等令人沮丧之处在于：一旦我们强调是别人致使我们生气（或开心也是一样），我们就立即丧失了自身所有的力量。我们都声称与我们毫无关系的事情还能怎么改变呢？我们都认为是别人或是别的什么导致的障碍还能怎么突破呢？

我们所能完全掌控的是我们如何看待问题的方式——我们的出发角度，以及我们对其采取的行动。当我们主有我们的观点和反应时，我们才主有了这个问题。一旦我们予以否认，我们将无能为力。

你不能重混你并不主有或不将拥有的东西。

生物学的真相是，我们的反应存在于我们自身。当大脑的疼痛中心亮起来时，并没有人在用激光射击我们的大脑。当我们进入压力反应时，并没有人向我们注射皮质醇或肾上腺素。当我们遭遇偷盗、威胁，甚至殴打时，并不会导致我们的身心进入压力反应，而只是触发了它——愤怒或恐惧已经在那里，等待被触发。若我们身体里有任何紧张、愤怒或恐惧，则只有我们最终对此负责。

即使我们的身体由于月经、性高潮或愤怒而充满激素，我们的反应和框架也不是从外面进入的，而总是存在于内在。

是的，激素是非常强大的，可以大大放大我们的感受，但它们不创造感受。作为一个醉酒怒汉只意味着我们内心有愤怒想要表达出来。即使是迷幻剂也不会导致幻觉。创造幻觉的是我们的想象力，药物只是触发了本就可能的事。

是时候去主有我们的 sh!t、收回我们的权力与力量了！

地球上没有人能让你生气或恐惧，也没有人能让你高兴或有创造力。只有你有权力让自己感到平静或刻毒、**正念**或杂念。其他人的行为可以触发你的反应，但不会造成你的反应。盛放的能力——就像紧张的能力一样，存在于我们自身，我们的内在创造了两者。

导致与触发之间的区别如同奴隶生活和自由生活之间的差异。

要明确，取得主有权并不意味着对事件或触发承担责任。例如，你的伴侣在嫉妒，或是同事搞砸了一个项目，那不是你的“错”。主有你的问题并不意味着你要选择让问题再度出现，或你要宽恕其他涉及之人的行为，而只意味着你对自己看待这些事件的框架以及你对待它们的反应负责。另一方面，如果你拒绝主有你的反应和框设，那么你的风险是：你总是被在你控制之外的事件所压制，像一块被汹涌大海玩弄于股掌之间的浮木一般。要么主有自己的问题，要么放弃你的权力、让问题主有你。

主有你的问题将彻底改变生活：你从一个又一个重复错误的诅咒中解脱出来；你可以逃离自己定义的“土拨鼠

日”版本，进入一种新的、更引人入胜的体验。在这些时刻，你已经变得完全有**能力回应**——能以创造性的方式响应你所面临的问题。这与道德或伦理无关，它只是寻求创造性的赋能。

任何我们通常倾向去讨厌或责怪的引发危机的事件，实际上正是蜕变转化体验的开始。它是一个号角，让我们知道我们又有一个新的，从根本上推进自身的平和、本愿和力量感的机会。

小变化，大可能

虽然我们最初可能对一个强烈的危机作出反应，但一旦有机会冷静下来反思，我们可以选择主有或不主有它。这是我们开启的时刻。我们发现一个问题或危机究竟是怎么回事：一个突破机会的开始。如果我们压制或否认它，那我们就会冒险踏上崩溃之旅，从而陷入仅能生存的境地（第16页图）。

崩溃经常发生在对问题进行压制或作出反应时所需的努力超出我们所能承受的太多的时候。我们以不同的方式表现崩溃。大多数人的身心都有弱点，一旦被压垮就“挂”了：腰背问题、严重感冒、过劳耗尽、旧疾复发、精疲力竭、恐慌发作或抑郁寡欢都可能是崩溃的症状（这并不意味着我们不该寻求专业性帮助）。崩溃不一定是什么惊人的事情。我们中的许多人长年处于崩溃状态，忍受着它，而非用它作为一种去获得主有权并乘上突破曲线的激励。

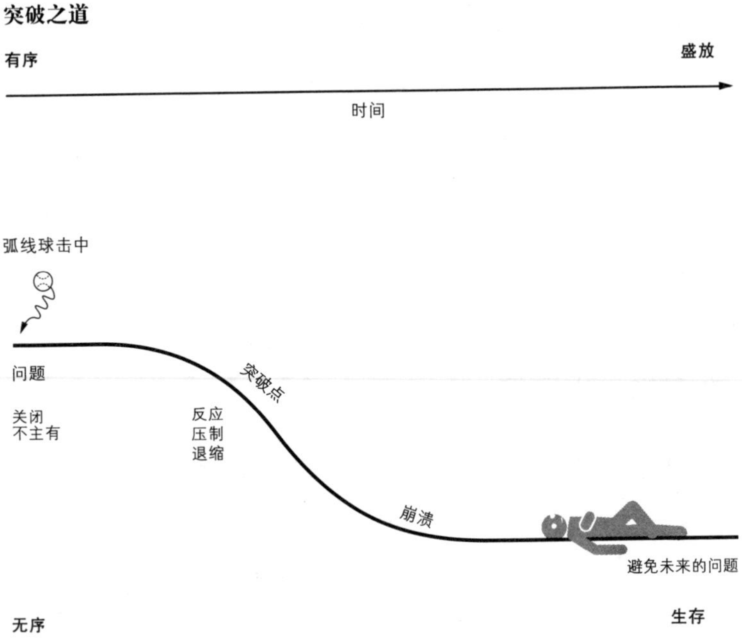

我们生活在一个复杂的世界，任何我们的基因、早期经验、决策和环境中的细微变化都可能对我们会有怎样的生活起到很大的作用。我们都受制于混沌理论的规则。一个不同的决定可以从根本上改变未来。如同秘鲁丛林中一只蝴蝶扇动翅膀可能会引发芝加哥的一场暴风一般，跟一个辣妹搭讪而不是像往常那样因害羞而离开聚会，结果可能会是结婚。在一次平常的会议上开口发言，可能会导致你许多年后经营这家公司。生活令人兴奋之处正在于此。

突破是非线性的，一个从我们惯常反应的微小打破，便可翻转我们的生活。

你在每个转折点所做的每一个选择都将打开一个独特的**可能性区域**，你的未来将会在其中上演。或者当你做出某些选择，有些未来根本不可能发生。推开问题，你就推开了一个更有意义、**更赋盛放**和更连接生活的可能性；主有它们，你就可以与向你飞来的无论什么弧线球一起共同创造一个充实的未来。当您主有你的问题时，你就踏上了通往盛放的突破之道（参见下图）。

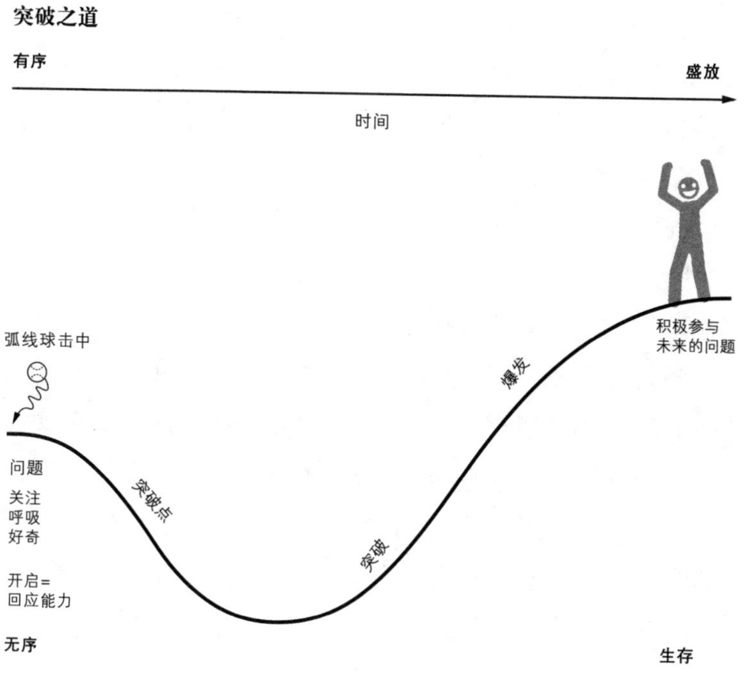

响应能力是打开正向可能性区域的前提。重申一下，主有权绝对不是责怪。无论如何，去责怪任何人或情境是不可能的，因为每个问题都是由多种观点、行为、信仰、故事、习惯，以及许多其他因素之间复杂的相互作用而构成的。在一个充满复杂性的世界中，对任何事件单单挑出其中一个原因是误导性的、不准确的，而且往往是无益的。把世界看作一台机器，从已知的输入可得到可预测的输出，这是**线性**思维。越用脚踩踏油门，汽车就跑得越快。在网站上以更高的价格销售更多的产品，你的盈利就越多。

然而，人类可以是任何可能，却唯独不可预测。有些人在遭受创伤事件后却比以往任何时候都更强大；其他人则被重负压垮。有些人因感染人类免疫缺陷病毒（HIV）而得了艾滋病；其他人甚至从来不知道自己携带该病原。每一种情况都是超定的，具有多种起因、影响和根源。

例如，你刚刚与伴侣大吵一场，事实上可能缘于高温湿热的影响，也可能是因为肚子里有气或低血糖。你或对方可能有遗传的脾气倾向，或被父母教导作防御式反应。谁能说这里到底该怪哪个因素？与其找某个单一的原因来指责，不如选择在你的人生哲学里作出一个微小的变化——对你碰到的每个问题都拿出100%的响应能力。只要你开启，你就打开了多个尚关闭着的可能性区域。通过对于每天面临的许多问题作出反应的微小转变，几年后你就可以享有一个截然不同的未来（参见下图）。

开启——为了一个截然不同的未来

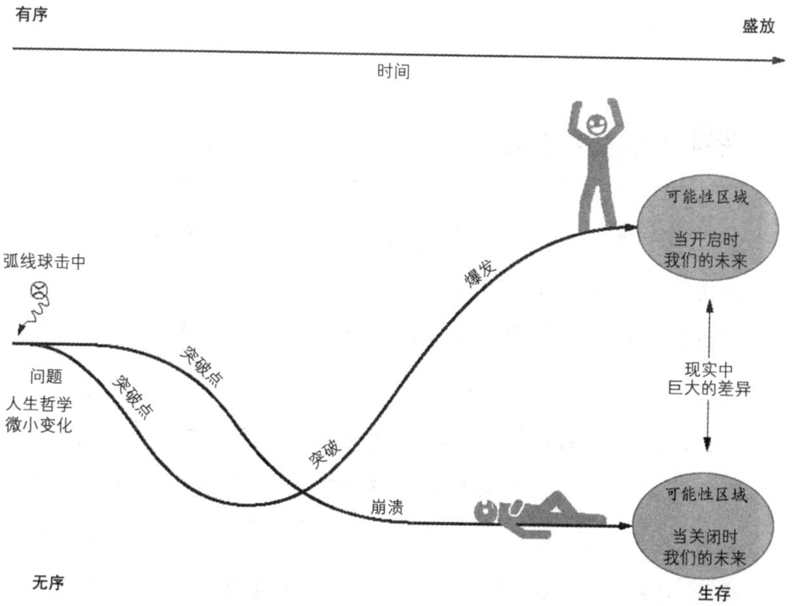

当放弃追究谁是谁非的时候，我们便可以专注于创造一些不一样的东西。

组织的情况也是如此。任何组织的领导者，只有在对其中及其周围发生的一切负责的情况下，才能开启非线性突破的可能性。领导不能控制员工、竞争对手或股票市场，但能够主有组织所面临的问题，并找到新的方式来加以感知和响应。如果老板试图责怪“在他们控制之外”的东西（大多数时候似乎都是如此——如果你听公司的最新经营报告的话），他们就是在说自己没有能力进行改变，不能依靠他们在未来做得更好。如果你把全部积蓄投在了一家有着一连串糟糕结果的公司，你会想让老板责怪市场吗，还是让他负起责任全权回应并提出突破的新策略？

拒绝指责制度

几年前，我在英国国家卫生局（英国最大的雇主）的大型精神保健机构内，为其医生和护士举办了一个工作坊。他们声称自己最大的问题是政治家和整个制度造成的。他们声称这都是“超出他们控制”的。快进到一个小时后的工作坊，我们一起创建了一份超过100个他们尚未尝试但却可能解决他们的问题的想法列表。其中有一项是每天都写信给卫生部长，直到与之达成一次会谈。底线是，无论你的创意列表是10项或10000项，在你尝试过每一条路径之前，责怪其他任何人（包括你自己）或任何事情都是毫无意义的。这样只会制造可想而知的结果。突破，在我们开启并向意外敞开大门的时刻来临。

那些真正具有远见卓识的领导者，不仅仅对自己的组织负责，而是对整个行业和世界负责。比如亚马逊的杰夫·贝索斯（Jeff Bezos）、格莱珉银行的穆罕默德·尤努斯（Muhammad Yunusat）、特斯拉的埃隆·马斯克（Elon Musk）、奈飞公司的里德·哈斯廷斯（Reed Hastings），他们正是善用突破创造性地改变了整个行业。他们为我们——公民或消费者——面临的问题承担起了责任，创造了革命性的新的工作方式而永远地改变了世界。其他那些抱怨他们不能做同样事情的领导人就是在对自己说谎。只要他们愿意完全负责，他们就能突破任何事情。这是许多人现在不愿意迈出的一大步。

一个领导者身心内的微小变化，可能将数十亿人带向截然不同的未来。

点亮前方的路

蛰伏在我们的问题中的突破，就像是湖面朦胧暗影下的珍珠，通常必须深入其中才能有所收获。这也意味着我们陷入自身内在的部分中卡住，可能是困惑、不愉快或扫兴。在我们最不光彩的反应和框架中，蕴藏着最多的学问。那些让我们感到羞耻或尴尬的，我们最不愿意曝光的部分，有着最大的突破潜力。这就是所谓的**阴暗面**。

从疯狂的嫉妒到秘密地怀恨在心，每一个令人尴尬的习惯都是我们阴暗面的一部分。我们每一个小气、肮脏或卑鄙的想法（我知道自己就有很多）都来自我们的阴暗面。每次我们表现出的心胸狭窄、小心眼或彻头彻尾的卑鄙，都来自我们的阴暗面（荣格称之为我们的“阴影”），甚至伪装的友善也是阴暗面。

下降到我们的阴暗面是突破曲线的第一阶段。关于这个旅程的一个有力比喻来自圣十字约翰（St John of the Cross），一位 16 世纪西班牙的牧师和教会改革家，他写了一首关于自己试图在隧道尽头找到光明的经历的诗。自那时起，它已经成为在从崩溃之颚争得突破的角斗中固有的关于混乱和挑战的不朽形象。下文摘自圣十字约翰的《心灵的黑夜》：

在那幸运而充满神秘的黑夜，
不为人所见，甚至自己也无法看见，
虽不见光芒与向导，
但我燃烧着的灵魂，
为我指明了方向，
比午时的太阳都要坚定地
指引我走向那多年渴慕憩息的地方，
我自知永远可以归回的地方。

我们的阴暗面是许多创造力涌现的地方。在复杂性科学中，进化中出现最多新奇事物的空间被称为**混沌的边缘**。对于我们所有参与突破的人，混沌的边缘既是最大创造力也是最大困惑的地带。困惑是两个版本的我们（具有不同框架和反应）处于内在冲突的迹象。我们无法同时抓住两者。一个必须去到对方可能性场域中才能发芽。有时候，黑夜、迷惘和惊愕看起来似乎永不停止。然而，跟随“突破曲线”，我们终将到达阳光之地（虽然民间智慧已经有了这个说法：黎明之前的黑暗最黑！）。

正如我们所知，早在我们到达隧道尽头的光明之前，我们整个身心系统已经被建立并被反复训练，以在感觉不安全或不确定时关闭。经过数百万年文化和生物的进化，我们已经学会了去回避任何形状或形式的阴暗面，宁愿假装它不存在。我们观看电视、手攥伏特加或埋头于自己的工作，而非拥抱我们的问题——这就是我们正在做的。然而，为了破解一个问题，从中吸取最多的机会，我们必须首先打开，并去到混沌的边缘转悠转悠。

这是一个真正的难题，因为开始时并不总是感觉很好。

圣十字约翰在他的旅程中学到，只有一颗开启的**心**才能给他穿越暗夜所需要的光明。但是，开启你的心也会令你变得脆弱。如果你曾受到过伤害——我们大多数人在某个时点都曾有过，那么没有什么比再次选择脆弱更难的事了。实际上，在多年的停滞和关闭之后，那样的开放、温柔会让人感到痛苦。

但尽管放心。即使你的心已被层层防御壁垒封锁住，但当每次你开启、主有一个问题时，你就释放了一层防守。这可能需要好几年时间，但又何必急于一时呢？只要你把每一个危机当成一个机会来多打开那么一点，你终将盛放。这就是“开启”所关乎的全部：逐步释放旧的以拥抱新的。每当我们向一个问题开启、对它负责并积极回应，我们就打开了所有的、前所未有的可能性区域，并在每一个区域为将来播下种子。

然而，处理混乱有时候可能真的很富挑战。所以，如果你的阴暗面击垮了你，一个快速摆脱沮丧的方法就是聚焦于你可感激的东西上，因为即使在最黑暗的时刻也总是有些可以感恩的事情，就像在幽暗中划着一根火柴。感恩——即使是像有草莓存在那样的小事，也可以使你的压力反应短路，停止你的负面反应，而让你打开。

感恩的态度

研究表明，感恩之情可以提升幸福感和积极性。[2-7] 如果我们想保持创意，则让我们的心情变得更加积极正向——这一点很重要。[8] 感恩还可以减轻我们对死亡的恐惧。[9] 在一次研究过程中，写感恩日记的人——每天记录三件他们感激的事情，比那些没有写的人的幸福指数几乎要高出10%。他们非常喜欢这个任务，而且在研究结束后仍继续写。感恩之情可以协调我们的心律，增进对他人的付出。与人分享我们的感恩之情，会带来更多的创造力和灵活性！[10]

在生活赠我们以教训时，我们不再攥紧拳头，而是以开放的**手**、**脑**和**心**，以感恩的态度接纳它们。例如，你可能会感恩你的健康，今天你在街上看到的一个孩子的眼睛，脱胎于自然的无限可能性中你的独特存在，搏动着维持你生命的心脏和不知疲倦地与世界交互的大脑，咸花生，你的匡威鞋，灵魂浩室乐曲的声音；深屋音乐（Deep house），鸟鸣，航空旅行，班克斯（Banksy）或波提切利（Botticelli）的艺术作品，以及新鲜出炉面包的香味。

现在你感觉到有什么可感恩的吗？你能在60秒内想到20件事吗？能想到30件事吗？40件呢？

开始！

摄持控制

无论你怎么调整自己的感恩心态，问题仍然可能时不时地触发你的压力反应。只要你的身心还在生存之旅中循环、关闭着，你就无法创造出新的前行之路并打开那些关键的可能性领域。所以，为了充分抓住问题中的可能性，我们需要把它们摄持在一起，既不作反应也不去压制。摄持给了我们宝贵的时间来**处理**问题，避免了我们在棘手的情况下向外撑爆或向内压爆。如果我们作出反应，可能会引发周遭事物的反击，所有人都会陷入旋转木马式的情景剧中。

能够摄持控制——甚至是在一场 sh!t 的风暴中，被称为**镇定**。佛陀说，这是人类可以发展的四大最重要的美德之一(慈、悲、喜、舍。另外三个是慈爱、悲悯，以及能够随喜赞叹他人和别人一起庆祝)。在我们决定如何对其作出反应之前，镇定摄持可以让我们通过多个框架看待问题，也许是乐善笃或偏执狂的。我们能够围绕一个问题跳舞，在采取行动之前先从各方面观照它一番。我们给自己时间创造一个更富想象力的摆脱危机的方式——在我们对天真烂漫的孩子们喊叫，对老板说些蠢话，或挖苦我们最忠实的朋友之前。它不是单调的、灰暗的或迟钝的，它是对所有人类经验中所饱含的可能性的一种敏锐鲜活，而不是任由自动驾驶模式作出反应而把事情搞得更糟。

被欺骗了

在一次关于关系的培训中，一名前任伴侣告诉我，她在“尝试分居”过程中有所不忠（我仍然不确定这到底是什么意思!）。提示一个反应：头眩目晕、眼冒金星和愤慨暴怒。当时和我们一起工作的一位治疗师敦促我按捺住我的反应。我照做了。我允许我的前任的行为沉入，围绕我的身心旋转，触发各种强烈的意象和情绪，但我没有大声叫嚷或暴跳如雷，尽管我的本能正尖叫着要我这样去做。

相反，我给了自己时间来从中寻找某种洞察的可能性。我努力地思考（真的很努力），想弄明白更多关于她为什么要这样做，以及我可以从中学到什么。当我主有这个问题时，我内心情绪化的哥斯拉（Godzilla）安定了下来，允许一个更智慧版本的我加入对话。这并不意味着我认为她做的是“对的”或“好的”。但我确实在我的脆弱中发现，在这体验中有一些给到我的东西。我找到了一种我可以在亲密关系中成长的方式，这对确保我第二次婚姻的美满起到了重要作用。由此，我变得更明智、更镇定了。

将事件分类为“好的”或“坏的”是一种自然的愿望。当我们把它控制住，我们就不会去做这样的简单比较。我们甚至可以为好坏两者一起（或既不坏也不好）抱持空间。我发现这有助于给一个问题重贴标签——从坏的、可怕的、混乱的、怪异的或任何什么，变为简单的“强烈的”。这认可了它是重要和具有挑战性的，可以防止我们只采用一种视角观点而失去自制力。然后我们可以保持镇定——像一个没有太多波澜的池塘，同时弄清楚一个事件对我们可能意味着什么，以及如何才能最有创意地应对它。虽然推迟做出明确的判断，我们仍可以保持一种乐观和希望的**意识**，而非完全中立。当我们探索激烈体验的所有角度时，这将使我们保持连接、积极和具有创造力。

我还不知道有谁觉得这是轻松容易的事儿，不过随着操练实践它确实会变得更容易。在我的开启版本中仍然可以看到不负责任的、关闭版本的我，表现为一个严重的戏剧大王（很“作”）而不是忍耐它并寻求突破。可能需要几分钟，有时几个小时（偶尔是几天），才能冷静下来，主有我自己的 sh!t。但这总是可能的。当你开始掌握了如何控制它时，从你的反应中恢复所需的时间就会越来越少。最终你会发现，当弧线球冲向你时，你可以保持爱着，甚至保持笑着。

下面是关于如何摄持控制住我们的 sh!t 之 ABC：

关注（Attention）

首先，你想要把你注意力的疯狂力量放到自己所面临的问题上。你的这种觉知越多，你的反应就越不至于走极端。假设你人身是安全的（如果不是，就让你的压力反应干它的活儿吧），你可以以尽可能远的距离观察，反应机制感觉起来如何？肚子里有怪怪的感觉吗？你感到热还是冷？你感到恶心或想发泄你的愤怒？你想要砸东西还是逃跑藏到毯子下面去？

这一刻，你正在提升大脑中脑岛的能力以发现身体内的变化，从而作出改变。这正是精英运动员的表现优于其他人的诀窍。当你被触发时，越多地实践觉知和关注，你就能越快地意识到情绪的“负荷”——在它变成满级席卷的飓风之前。现在，如果你觉知到自己开始要作出反应了，你可以从这种境况中解脱出来，直到压力冲击波减退下去。

同时，放下任何责备自己或其他人的想法，而是……

呼吸（Breathe）

在对任何感到困难的事情作出回应之前，特别是当你的神经系统过度兴奋时，你必须先冷静下来。一个很好的方法是做舒长、放松、直达腹部的深呼吸。当你这样做时，指责、羞辱和抱怨会被呼出去。研究表明，这种呼吸法可以防止经常伴随着反应模式而来的萦绕不散的强迫性想法。[11]这种呼吸法也可以提高你的心律能变性[12]，是切换到重新连接的响应模式和随之而来的盛放能力的一个关键标志。每个人都可以用呼吸来制止自己的反应，并超越生存之旅。你不必成为一个冥想专家，只需尽可能平静、深长、放松地呼吸即可。

另一个强有力的有益缓解紧张积累的方法就是运动你的身心。伸展、抖动四肢、提拉身体、挥手，都可以。运动和训练不仅有助于减轻压力，而且有助于降低情绪和身体疾病的风险。[13-15]唱歌也有助益。通过自由弹跳，可以释放系统的紧绷能量。当你呼吸和弹跳（**手**）时，你会开始感觉更平和（**心**）、思路更清晰（**脑**）。

好奇 （Curiosity）

是时候来探索问题了。这种强烈的体验对你来说意味着什么？是什么触发了它？你注意到以前曾像这样被触发过吗？有什么共同之处？由于这些洞见可能会打开什么？问题是如何作为一个跳板潜入到“盛放—驱动”之中的？

类似这样的问题可以激活我们的上脑部，特别是刺激我们好奇心、诱发我们创造力的前额皮质层。[16]我们越是着迷于找到自己困惑所缺失的部分——如何过一个充满盛放人生的困惑，就越容易全力地将我们的才华施加于我们的问题。研究表明，我们受到的启发越多，注意力就越集中并且持续时间越长，这促使创造力提升。通过保持开放和好奇，我们可以为自己创造合适的环境使我们富有灵感。[17]事实上，保持好奇是与创造力最相关的一大性格特征！[18]当你培养了好奇意识，你会欣然登上“突破曲线”，而不是从它上面滑落而摔痛你的屁股！

不论什么刺激，你都可以把它摄持控制足够长的时间，以让自己开启，并以好奇心和勇气向前推进。即便你有点不太笃信，你也可以相信无论是多么巨大或吓人的问题，总会有创造性的前行之路。每个问题之中都含有一个突破的种子，可以让你感觉更赋能、更平和、有更明确的本愿。

问题是一个充满活力的邀请，并使你和世界之间的可能性得以开放。

向问题开启

关闭的：问题就是证明世界很糟糕，人们要加害我们，或者总有什么不对。

开启的：问题是成长的机会——通过发现提升平和、本愿和力量的方式，创造性地用于突破这世界上的障碍。

现在就开启

从把一个当前的问题带到你的头脑（和身体）开始。

手：扫描你的整个身心，慢慢地，从你的脚到你的头顶。

你有感觉到任何紧张吗？任何压力？你怎么描述它？你想如何反应？战斗？逃跑？冻结？

如果你感知到源自或施加于这个问题的“负荷”，摇摆晃动你的四肢。

将你的觉知带到太阳神经丛周围的空间（肋骨和肚脐之间的胃轮区域），有意识地呼吸到那里。当你这么做时，让那里的任何紧张慢慢放松。

像这样将它摄持控制的感觉怎么样？记下这种感觉。

脑：你的头脑对这个问题说了什么？你有没有注意到它以前说过这样类似的话？你的头脑想说是你的错？别人的错？

现在，列出 5 件今天发生的、你感恩的事情，无论多么小或平常。你能对每一件说感谢吗？

心：你感到什么恐惧吗？焦虑？担心？

当你抖动、运动或呼吸时，你能将任何内部的情绪负荷转变为对未来可能会带来什么的好奇心吗？

有了这份好奇心，你能将问题完全融入你的身心，像你拥有它一样，因而准备好去转变它并享受突破吗？

突破性提问

你的身心会沿着提问的方向移动。有些提问启发和激励你，而另一些提问则可能限制你的创造力和自由感。问丧气的问题，比如“为什么这种事老是发生在我身上”，你会得到丧气的答案，比如“因为我是一个失败者”。突破性提问恰好相反。它们帮助你建设性地思考，开启你身心在感到压力时失控的那些部分。[19]这可以将你连接到你的上脑，从而有助于对生活作出更有创意的、三思而后行的回应。

如果我是曾经有过的最乐善笃的人，乐观、积极和信任，那么这个不幸中之大幸是什么呢？

大家通常对这种问题说些什么，如果我忽略那些意见，我可以从中看到什么机会？

第 2 章

模　式

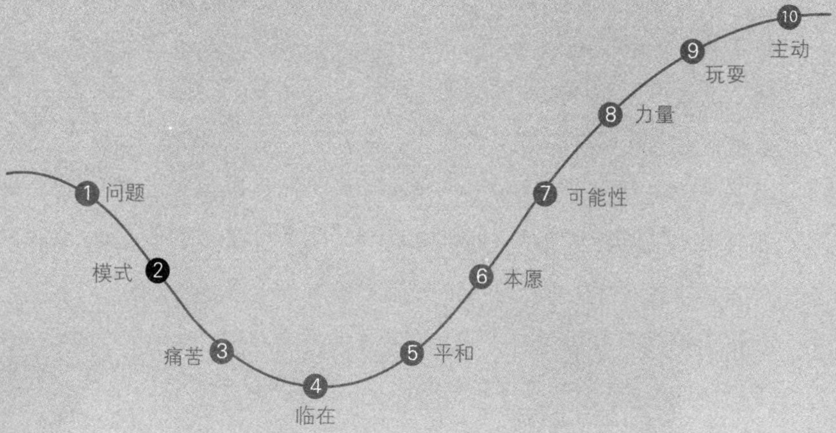

我们的模式非常像针织机中使用的过时老式卡。你插入一个“图案卡”，机器就生产出卡片上样式的汗衫。同样，我们对问题的反应也被设计，以给出一个可预测的结果，即使是以创造力和幸福为代价。正如建筑物揭示了建筑师的某些东西一样，我们所用的每个模式都表明了我们是如何发展自己的个性的，都指向我们内部有待转化的部分。无论这些模式在我们（或他人）看起来有多么丑陋，它们都是我们为找到突破之道所需要遵循的面包屑路径。正如杂草是优点尚未发现的植物［套用哲学家拉尔夫·沃尔多·艾默生（Ralph Waldo Emerson）的话］，我们的模式是等待被揭示的突破的可能性。

铁线莲，一种从上海到芝加哥的花园中都可以看到的攀藤，通常开有四个花瓣的花，形状像小铃铛。全球可能有250种铁线莲。然而，有时你可能会发现一株的花瓣数可以达到十以内的任何数。这不是因为基因突变，是压力——跟搞乱我们生活的同样的东西——触发了它。一株被惊扰的铁线莲可能需要数年时间才能恢复正常状态。移动植物、重新栽培或霜冻，都能触发植物以这种方式作出反应。鉴于植物都还没有（据我们所知）类似人类意识这么丰富、有创意的东西，因此当我们受到压力时会发展出更有想象力的模式，也就并不奇怪了。

模式是摔电话、强制工作、追根究底、认为做事有特定的方法、不真实、背地里说人闲话、装傻、回避冲突、抱着饼干罐不放、伸手拿烟、不断拖延……有百万种之多。如果你发现自己刻板僵硬、思想封闭、恐惧或缺乏弹性，那么很可能你被困在了你的一个模式之中。

模式的一个简单定义就是：一种对特定类型情况的可预测

的响应机制。它总是一首由**手**、**脑**和**心**组合成的交响乐，其中体现了情绪和感受、信念、故事、神话、**预设**，以及习惯、行为、动作。最明显的模式是，当我们感到疲惫、受到攻击、处于冲突之中、生点小病或不堪重负时，跳出来的表现。这是因为我们此时没有更多的能量和注意力来掩盖锁住它们。

有些模式旨在挽救我们的生命，比如安全驾驶，所以我们要予以保留。有些模式是有用的，比如睡前自觉刷牙，这些我们也应保持。但是当我们受到自身模式的统治时，就不能适应我们周围世界多变的天性因而不能盛放。每当我们以一种熟悉的习惯、一个已有的信念系统或一种固执的情绪，对一个问题作出反应——而不是在当下时刻积极地共创一些新鲜事物——那么我们正在运行一种限制性模式。

就像铁线莲异常的花瓣一样，限制我们潜力的模式向我们揭示了：在某个时候、某个地方，我们受到过压力。我们创建或复制了这种模式，因为我们认为它会保护我们，并/或让我们获得我们想要的东西。无论我们会有怎样的结局，模式都表明我们被困在了生存之旅中——即使我们已不再感到压力了。事实上，每个模式的主要功能是最小化压力和最大化**秩序**（尽管我们会发现，其往往以同时产生压力和混乱而告终）。每种模式所缺失的是创造力。每一次我们觉知到一个正在限制我们的模式，就是一个丰厚的取得突破的机会。

触发不开心

如果我们诚实地看着自己，我们可能会发现自己所说的或做的很多事情在一定程度上都遵循一种模式，而不是一个特定的、在那个时刻创造的思想或行为。模式主有着我们的存在方式。虽然它们经常会与其他人的模式有着相似的特征，但每种模式——**手**、**脑**和**心**等元素的特定组合——是我们所独有的。我们可能会认为，我们和这种反应方式是完全“正常”的、“每个人都是这样做的”。然而，仔细观察一下，我们通常会发现它的某些元素是特质的。这有助于我们充分主有它们。这些是我们的弱点（和突破），不是其他任何人的！

这里是我的模式的一个简单例子（我正在从中享受着突破）：

“爸爸，我可以吃一块点心吗？”

“我们刚吃完早餐。等一会儿。”

“爸，我想吃点心。”

“等一会儿，亲爱的。”

“爸爸，我饿了，能让我吃块点心吗？”

“儿子，我跟你说了，稍后你可以吃一块。”

（几分钟的沉默）

"嗯~我现在就要点心!"

嘭!

我的手紧张起来，也许我拍打了方向盘或厨房的桌子。我的**脑**在想，有时甚至在叫："不！别再问我。你在点心时间总能得到可爱的点心，你为什么要这么%^ @ er?" 我的**心**——如果我有足够的自我意识能感受到它的状态的话——可能会感到无能为力、不被感激、被困住。

我的身心已被触发进入一个强大的压力响应，情绪电路已经乱成一团。我的上脑，特别是前额皮质，已经控制不住我的 sh!t。视野狭隘使我聚焦在问题上，阻止我开放性地思考，固执于一种观念框架。一个**故事**——我的儿子是故意想要搞乱我的脑子——跳了出来，限制了我的慈悲，并禁锢了所有的创造力。一股由肾上腺素和皮质醇调制的强力鸡尾酒迅速流经我的动脉，不分缘由地摧毁着我的细胞。我不再与他或我自己连接。我完全关闭了。

在这种时刻，以及每周几百个像这样的时刻中，我已经形成了这种模式——一个与开启的、有创造性的人类相反的状态。我无法感受到阳光的温暖，也无法闻到玫瑰的馨香。更重要的是，当我用愤怒的模式对我儿子作出反应时，他自然会感觉受到威胁并据此作出响应。本应是共享快乐的一个小时，有时候是一天，将在我们都运作于冒犯/防御模式中被一点一点地浪费掉。而这些时光一旦逝去便永不再回来。这看起来似乎是一个小小的例子，没什么大不了的，但如果把一年中的这些时刻累加在一起，合起来就是生命的一大块并没有花在令人享受的时光和美好的乐趣上。

感恩的是，我意识到这种模式和许多其他阻止我成为更富爱心、更具想象力和慷慨的自己的模式。当一年年过着这样开启的生活，我越来越能持伏住我的反应并利用这种时刻来享受突破。我已经发现了重布自身模式的方法，因而我可以在举动伤害到自己珍爱之人之前醒来（至少有时候）。通过这样在生活的平凡时刻**开启**，我学习如何随着我面临的挑战一起流动。

每一个问题，每一个触发，都是一个摆脱过去的可预计性，并创造一种新的、为当下带来更多的爱，同时塑造未来可能性的时刻。

在这前所未有的当下时刻，

就在这里……就是现在

所有的模式阻止了我们的创造性。它们从我们所在的系统——家庭、社区或工作——中把创造性吸走，压爆可能性区域，关闭丰富多彩、有所不同的未来。

模式产生更多的问题

想一想你遇到问题时的各种响应方式，当时你的**手**、**脑**和**心**会发生什么？例如：

- 一名司机很危险地超你车

- 一个信赖的同事或爱人严厉地批评你
- 你错过了一次重要的晋升或错失了一个项目的筹资
- 你思考环境状况或贫困儿童问题
- 你想遵循自己的方式，却觉得无人倾听
- 你想在酒吧或俱乐部与某人（或避免）发生关系
- 你家孩子们的争吵发展成了一场全面的战争
- 你走进健身房
- 你读一本这样的书
- 你照镜子

即使你运行的模式让自己看起来或感觉还是聪明、酷帅或可控的，你能看出它们是如何阻止你变得温柔和坦率的吗？你能想象它们可能阻止你进入那些已经准备好的，若你以不同的方式作出回应就会萌芽的独特的可能性区域吗？

这让你付出什么代价？您的模式造成了什么问题？

我们的模式旨在产生可预计的成果。它们的存在只为确保一个结果：要么减少我们所不喜欢的（忽视、批评或无能），要么增多我们所喜欢的（赞美、关注或控制）。正如轨道上的火车，一旦我们开始运行我们的模式，只能有一个预先安排好的目的地。也许是丧失、泪如泉涌、怕见人、把自己关在房间里、威胁要了断，或者灌一杯酒、卷一根烟，或看一部影片。无论终点是什么，结果不可能改变，除非我们边走边铺设新的轨道。因为旧的行为方式（**手**）、思维方式（**脑**）和感受方式（**心**）与目的不再契合，已经建立的模式产生的问题往往会比它解决的问题更多。在非洲萨瓦纳大草原极其有效的东西，在佐治亚州萨凡纳的办公室里就行不通。在跨国公司作为实习生开始职业生涯时成绩斐然，在硅谷的初创企业中可能不会那么好。一个5岁的孩子所做的能让父母开心的事，情人或配偶做却未必适合。

模式倾向于减少我们的契合度。一旦模式被锁定，无论是为了避免痛苦还是提升乐趣，都会阻止我们在当下的适应、创造和盛放。这就是为什么我们的许多模式破坏了我们的潜力。它们是僵化的、非自发的、难以相处的，以及不具生物动态的。

外界的东西很容易被看作问题。然而，真正的问题是我们的反应方式。如果我们以平和的、有意义的、强有力的方式作出回应，就不会有任何问题。企业不会无缘无故破产。人们不会随意胡乱离婚，也不会无故沮丧抑郁。这些事情的发生，通常是因为用于对付生活的模式已不再合适或有用。有一个适度性上的缺口，结果可能是剧烈的，但逻辑是简单的（如果用100%的回应能力去看的话）。在压力下，我们的模式暂时地从我们的身心系统中消除了恐惧和紧张。但是，随着我们的成长和变化，它们开始把人们和可能性推开，最终产生更多的压力、更多的问题。

依靠不再相关的旧模式，你总是会遇到问题。好消息是，由于你的模式是在某个时刻被创建的，所以它们也可以像乐高一样被“撤销创建”或破解。成人大脑可以创生出新的神经元，同时可以修剪和改变现有的神经通路。[1] 因此，我们可以通过重新布线我们的大脑（和身体）来突破我们的模式。要做到这一点，我们必须了解模式是如何及为何形成的。

停止做一个小丑

如果我们在生活中继续使用过时的模式，就会有失败的风险。当我在学校因超重被欺负时，我编造了一大堆模式来帮助我忍受：我变得滑稽（至少是好笑的），变得聪明，甚至尝试扮酷。直到现在，所有这些模式依然是有用的。然而，做一个小丑、知识分子或时髦人士，这些模式也会阻止我与周围人的连接感，并限制我的眼界。

这不是说要拒绝任何这些模式，而是说要能选择其中最合适的、最贴切的，以及能为所有参与者创造最多充赋盛放结果的模式。是说出刚涌到嘴边的笑话，抑或是对某人正与我分享的议题抱有真诚的兴趣？无论有多少个冲突的事项，针对每一种情况总是会有三赢（你赢、我赢、世界赢）的解决方案。但是，如若我们不带觉知、不加选择地发挥旧有模式，我们就不可能找到三赢之法。

头脑的八车道高速公路

所有哺乳动物都通过模仿来学习，这是使人类成为如此成功物种的原因之一。我们花费整个的形成期来复制我们的照料者的模式。我们的父母、老师、朋友和敌人都留下了印记，就像雪地上的靴印。我们还模仿从广告或杂志中看到的模式，认为它们会帮助我们变得酷靓、富有或是性感。我们可能会采用我们所尊重的（或我们所惧怕的）老师或老板的模式，因为我们认为这可能是成功的最佳途径。不久，我们可能不再确定我们的信念和行为究竟是我们自己的，是继承自我们的父母的，还是我们从周遭世界获得的。偶尔，如果我们需要，我们也会发明一个全新的模式。

每种模式都刺激了一系列神经通路，通过突触连接数百万个神经元，从脚趾到大脑皮层，一路经过我们的身心。每当我们以这种模式作出反应时，同样的神经束被激发。当它们一起激发时，它们就更加牢固地连接在一起。随着时间流逝，每一种模式都会被编码入我们的身心，成为我们神经系统的一个有形的印记。这些独特的**神经印签**中的每一个都可以在大脑扫描仪中观察到，并且无论我们什么时候被触发，它们总会被激活。一些神经印签被经常使用，使得它们中的神经元成为有髓鞘的（髓鞘是隔离神经元的白色物质），这使得它们的传输速度提高了50倍。这就像把一条小小的乡村道路变成高速公路，我们更快地作出反应。

这样的快速反应是有其充分理由的。如果我们非得对剑齿虎研究上几分钟，然后再决定是逃跑还是与之对抗，那么我们将连足够形成一个模式的时长都活不到。所以我们采用一种基于经验的首选法则做出一个快速的决定，这就是当我们使用类型1思考（见序言第1页）时所发生的。模式是快速、可靠和高效地与世界互动的方式。[2] 我们依赖模式来帮助自己议定克服生活中的危险的方式。如果我们所做的每一件事都是一种当下发明的纯粹的创造性行为，我们将被淹没在像泡杯咖啡这样一个简单的行为中。

一旦模式被证明有用，它就被存储在下脑，特别是基底神经核节中。在这里，它可以无须任何多余能量即被使用。天性热爱效率！这个过程在行为科学中被称为**条件反射**。条件反射最先因伊万·巴甫洛夫（Ivan Pavlov）和他的狗而出名，是指被训练的动物以一定的方式对特定触发作出的反应。当你在给狗食物时吹口哨，经过几天的重复，只要吹哨就会触发狗分泌唾液。上午 11 点钟在健怡可乐广告中反复展现撩人的型男手握汽水瓶，有些人就会开始在上午休息时想要一些冒泡的东西。我们甚至可以被训练而在睡觉时将气味与声音联系起来。即使在昏迷状态下，当对着病人的眼睛吹气时，他们也会条件反射地眨眼。[3]

仅仅通过重复，我们的身心就能够习惯于以可预计的方式对几乎任何东西作出相对快速的响应。我们将所有有用的**条件反应**存储在下脑部（和之外）。作为婴儿，如果我们喜欢这种一啼哭就可以为所欲为的感觉，那么它很容易成为一种模式。如果我们习得了生气比害怕的感觉好，那么一旦感觉受到威胁时，我们很可能就会生气。如果小时候发脾气有助于释放压力并恢复身心系统的平衡，那么它很有可能作为习惯进入到我们的神经系统中，在成年后每当感到被压垮时就冒出来。

不久之后，神经系统中原本一开始只是像条模糊的羊肠小道的某个反应——比如说我们年幼时对父母行为的一个负面反应——变成了一条八车道的高速公路。例如，我们曾经因父母离开去上班而很沮丧，这让我们感到恐惧和悲伤。所以我们发展出一种关于人们离开的焦虑模式。快进十到二十年，跟所爱的人道“再见”对我们而言将超级敏感。即使只是一个要离开的暗示，也会触发我们的焦虑。我们可能会发明另一种模式来掩盖（痛苦的）焦虑，比如假装不在乎。然后，周围的人认为我们不在乎他们离开，所以他们也便不再费心思了——完全跟我们想要的背道而驰。这是一种低契合性，想盛放是不太可能的。我们不会意识到这一切正在发生，只会像巴甫洛夫的狗一样执行条件反应：汪！

几千年来，将军们依靠肉体的条件反射力量来确保其军队的可预计的反应。带领士兵远离正常环境，穿上制服，训练他们听到爆炸声便卧倒，听到哨声就攻击，成为强大的战斗机器。可悲的是，当这些士兵回到家中时，条件反射仍会上演。比如在战区，他们已习惯于以天性的畏惧或进攻模式（逃跑或战斗）对炸弹爆炸或机关枪扫射作出反应，所以每当在家里经历类似的事情，比如汽车熄火或火车经过，他们仍会以那种模式作出反应。这可以毁掉正常生活的任何机会，直到那个条件反射被打破并化解。

多巴胺冲动

科学家还在试图揭示多巴胺在动机上的多重作用机制，但我们确切知道的是，多巴胺帮助我们专注于我们所需要的、我们喜欢的、新的和令人兴奋的东西。它敦促我们寻找食物和性交（进行繁殖）——生存的主要支柱。阿肯柏氏核充满多巴胺，刺激规划和情感处理区域，有利于预期、预测和目标实现。[4] 当我们看到我们认可的模式时，我们的大脑也会给我们一点点的多巴胺奖赏。这就解释了我们迷上按照自己想要的方式来看待世界的原因，而当与我们期望不符时，我们就感到失望。同时，多巴胺似乎也是我们人类能够持续多年在身心中抱持一个可能性，并努力实现的这种能力之关键所在。

多巴胺也为体验“贴标签”，并将其置入我们记忆的信箱中。强烈的或有意义的体验，包括我们过去痛苦的和愉快的时刻被突出显示。这驱使我们倾向于避免或渴望某些体验，从而加强我们的模式。巧克力（以及其他更具毒性的药品）用多巴胺淹没大脑，引起强烈的兴奋。上瘾物质也可以改变大脑中的细胞受体和递质，很难逆转。[5] 做运动、和朋友出去玩，甚至听音乐都会释放多巴胺冲动，这可能解释了由跳舞、舞池和嗑药所调制的鸡尾酒的魅力。

当我们沉迷于某种东西时，无论是发推特、性、食物还是药物，多巴胺通路和阿肯柏氏核都会脱离平衡。即使知道它们对我们无益，我们仍会继续寻找战栗或刺激。不幸的是，当我们预期某种东西，而不是实际得到它的时候，多巴胺的冲动才更加强烈。我们在计划和购买一袋炸薯片时得到的冲动刺激比在实际吃它的时候要多。所以很容易陷入一个不断渴望的循环（无论是蛋糕还是可卡因），即使我们得到了我们所渴望的也不会停止。如果我们想要重新布线我们的大脑，

摆脱任何形式的瘾癖，我们需要找到一种方法来攻入这个强大的系统。

就像一个警察或出租车调度员的任务是在最短的时间内使车辆赶到目的地，我们的身心也用最小阻力的路径来作出反应。最常用的神经印签被一次又一次地激发，我们的反应也被制约得越来越深。经过几年时间，我们的整个身心都被招募进了模式的神经印签之中。它最终成为包含了话语、记忆、动作、声音和情绪的丰富全景。一旦我们在环境中发现某些东西与条件反应相关联，多巴胺被激发，我们也将被触发。这就是为什么我们花这么多时间在反应上。即便我们稍有弄错，不可思议的模式发现技巧还是会告诉我们，我们发现危险和失望无处不在。该机制以“安全比遗憾好”的原则工作：宁可在不需要时运行模式，也比在需要时不运行、无法活下来讲述这件事来得更好。

这是一把双刃剑。从积极面来看，我们在周遭世界迅速地发现共同主题的能力，使得一整套精妙的人类技能成为可能：医生在几秒钟内发现 X 光片的异常；DJ 发现新的气氛出现并改变音轨；父母发现学步小孩疲劳的迹象。令人沮丧的一面则是，我们经常在没有模式的地方看到模式。我们从现实中抽取一丝单薄的信息，然后我们的系统就它对我们有什么意义而加以揣测。通常我们会得出一个结论，但由于我们已经被触发而为时已晚。接下来会发生的是……当然是，可预计的了。

我们的模式塑造我们。我们不仅对世界有了可预计的反应，而且很快我们也开始以可预计的方式看待世界。我们发展出使不规则的和混乱的现实看起来一致和条理分明的框架。我们通过框架看待一切事物，根据我们是如何被规定的去解释一切。我们高兴地（但无意识地）抛弃可能挑战我们主流世界观的信息（参见第52页的认知偏见）。这就是**投射**的运作方式。我们在“外面那里”看到了是什么被印记在了“里面这里”。例如，如果我们形成了攻击性反应的条件制约，我们会把形势解读为是对抗的，这便是我们攻击的理由。我们扭曲现实，以适应我们的条件反应以及与它们相联系的回忆。然后，我们通过获取和/或制造出一套可以把我们的习惯和反应投射为完全是正常和自然的信念，来使这些扭曲变得有意义。

我们用个人神话来为我们的模式作借口和辩护。这是当我们走在模式发现和模式反应的生活道路上时每天都在上演的“故事”。

编造故事

想象一下：电话响了；你累了；又是平淡无奇的一天；有一种焦虑沿着手机流过。但是对你来说，当你不需要时，老板/会计/合作伙伴/家长/孩子的担心给你的感觉更像一个攻击。你在身心内部感觉到有一种指责，迫使你逃跑或反击。你开始反应。当你这样做时，一个故事——关于为什么他们会这样，为什么他们活该得到你要给他们的回应——跳入你的大脑。你现在是英雄或女主角，你总是对的；他们是小人，很明显是他们错了。一段时间后，一旦你冷静下来，你可能会感到内疚，并可能会上演另一个故事，现在让你扮演应该被指责的小人的角色。

从起床到睡觉的那一刻，我们一直这样编造故事，所有都是为了要弄清楚我们正在发生什么，以及我们是如何对它作出反应的。组织机构和国家也编造故事，帮助它们保持掌控并尽量减少不确定的不安和失败的风险。我们通过在头脑里不断地唠叨来告诉自己这些故事，称为**自我对话**（或顶嘴反诘！）。我们的**手**行动，我们的**脑**解释它，我们的**心**被限定于一个特定的匹配的情绪感觉中。其中某些自我对话是有用的和**赋能的**，然而很多却是耗能的。我们所讲的故事把我们的生活变得好还是坏，取决于故事内容。你正在跟自己讲的这个故事是关于自由和创造力的，还是关于限制和绝望的？

如果我们的自我对话是批判性的，那么它将总是限制我们。如果我们听到自己指责、羞辱或抱怨他人，这绝对是耗能的故事。指责、羞辱或抱怨我们自己也是如此。然而，积极的自我对话却截然不同。在一个经典的研究中，20 世纪 70 年代美国奥运队的体操运动员被采访了解他们的自我对话是什么样的。表现最好的是那些不断用积极而赋能的故事鼓励自己的人，他们编造了自己如何辉煌的故事。然后，他们会在现实中实现这个预言。[6]

无论你告诉自己能或是不能做某事，你都是对的。这可能是下次当你听到自己说“我不能做……”时值得记住的。

讲故事的大脑

我们的大脑不仅喜欢，而且必须，创造原因以让事情发生。我们所有人的内在都有一个强迫性讲故事的人，为所有事物制造理由。我们被迫对可能没有什么意义的事情赋予意义，以让自己觉得更加确定和安定。正如大自然憎恶真空一样，人类讨厌意义的真空。所以，当面对不确定性和混乱时，我们退回到熟悉的故事，好就我们周围发生的一些事情，给我们提供安慰。

几十年前，两位神经科学家开始对治疗严重的癫痫手术过程中将大脑分为两部分的人进行试验（其中一位最终因此项工作而获得诺贝尔奖）。在研究中，具有这样“分裂大脑”的患者愉快地编造出故事，说明他们在匹配的任务中选择一个图案的原因——即使负责大部分故事创作的左侧大脑无法知道为什么另一侧的大脑（它们没有连接在一起）选择了一个特定的图案。[7]

同样地，逆行性遗忘症患者编造出了他们生活中不记得的时期的故事。他们倾向于将真实和编造的东西组合成一个有一致性的叙述。他们不认为他们正在发明这些故事。当有人示意他们的故事可能不真实的时候，他们会很不高兴（就像当我们相信自己说的是实话却被说成是在说谎的时候一样）。[8]

我们倾向于将自己的故事投射到他人身上，将其贴上所谓“固执的”或“性感的”标签，而其实这些是我们内部自我对话的主题。占据我们内在注意力的东西会被投射到别人身上。这就是阴暗面（见第1章的第21页）如何变成最黑暗的机制。我们不去主有我们的故事，而是将其推到别人身上，把他们投射成混蛋，却认为自己棒极了（或者如果我们自尊心低的话，则反过来）。结果，我们变得完全没有回应能力并丧失创造力。

现今，我们都总是一定程度上将自己的信念和预设等投射到别人身上。但终究，我们是通过自己的而非其他人的眼睛看世界。只需要一点努力，我们就可以像人类学家那样漫步别人的世界，这有助于我们更好地理解他们的和我们自己的故事。我们在旅行中收集的新鲜见解越多，能够获得的突破也就越多。

在每一个关于我们自己或是别人的故事里，都有一套隐含的预设和信念，它们是故事的大梁和支柱。我们预设每一件事，关于人性、科学、神、经济、我们的过去、我们的未来、我们从事的产业，好让我们不必质疑自己的故事。柏拉图称之为**“高贵的谎言”**，因为它们的存在有一个“好”的理由。这些预设被包装成故事，并被隐藏起来，以致我们不再注意到它们。我们看不出来自己的故事是虚构的。我们大力捍卫自己的预设，认为它们是真理，然而当别人相信我们时，我们又经常辩称自己**缺乏**力量！

虽然一些预设是赋能的，许多却是限制我们的，支配我们在这个宇宙中什么可以做、什么不能做。如果计算机制造商认为所有计算机都应该是米色的，那么就永远不会发明出iMac。如果一个年轻人假设所有的女人都是疯狂的，那就很难约会到一个不疯狂的女人。

限制性信念及过时的预设阻止突破并限制创造力。

每一种个人选择、工作角色、商业模式、政治思想或科学理论，都是基于一套假设。它们很少被人质疑，这就是为什么它们常常跟这个世界不太契合——因为世界在变。无论是否有意识，每一种人生哲学都是基于一系列预设。这就意味着，活着的、正在做着选择的70亿左右的每个人，都是基于不太可能被测试的预设在做选择。如果我们想改变这个故事来开拓新的可能性领域，那就必须揭露自己的预设。

用第一时间进入你身心的任何讯息完成以下句子。不要二度推测、编辑你的话，或试图使之看起来美好。就从你头脑的第一反应作答。

- 谈到创造力，我是……
- 谈到关系，我是……
- 在生活中胜出超前的方法是……
- 理想的老板是……
- 所有的（男/女）人都是……

花点时间来反思你用来完成这些句子的话。这只是开始揭露你的预设的一个快捷方法。它并不总是准确的，却可以是令人惊讶的。一个更严格的方法是把这些句子带入觉知不断自问“为什么情况会是这样”或者“为什么我会相信这个”，直到你得到一个不能再进一步的答案——一个最终的预设。想象你自己从冰山一角（最初的信念）向下再向下，直至最终极的预设。这个你故事中最深的驱动力通常是关于人类本性和我们在宇宙中的位置的信念。换句话说，我们关于自己的日常故事中包含着我们对生命本身的终极假设。这就是为什么我们始终都靠人生哲学为生。以下是一些日常预设和它们可能基于的终极预设的例子，以及一些如果我们在日常生活中对其紧抓不放的话可能会出现的常见问题。

预设是所有一切＄#&＊之母

大多数人认为自己的驾驶技术高于平均水平。你呢？一个高于平均水平的爱人呢？然而，并非每个人都如此——需要有许多人处在或低于平均水平，才能使分布有效。我们高于平均水平的故事具有“自我服务偏见”或乌比冈湖效应（众多渗入我们身心的“认知偏见”之一）的特点。它们使得我们的思维不是那么100%的理性，但却是有用的，因为它们给一个看似无意义的世界强加了一些意义。

其中最重要的一个是“确认偏见”。我们寻求支持我们现有信念的证据，忽视或重新诠释与它们相抵触的证据。我们甚至吸引那些与自己有类似的故事、可以“确认”我们的信念系统的人进入我们生活中。因此，抱怨者吸引抱怨者，远见者吸引远见者。他们强化了彼此的指导性叙述。[9]当我们的故事变得过时和冗余时，我们不是将其加以改变，而通常是固执己见甚至深信不疑。人们会根据所被告知的提出想法的那一党派的派别[10]，而欣然地改变对于一个政治举措的看法。

科学研究也充斥着这些认知偏见（这也很自然，因为搞科研的也是人）。我们被告知的“事实”，实际上是在一个关于自然是如何运行的连贯故事中，被诠释的数据点。我们称这样的故事为“理论”。当时占统治地位的故事被称为“真相”（会持续一段时间）。在偏见的诅咒之下，科学家倾向于把不适合这些故事的数据点称作“异常现象”而将其大打折扣。只有当足够多的异常值开始登场时，才不得不改变并接纳这些故事（或理论），就像在量子力学被接受之前他们所做的那样。而这就被描述成一个突破。[11]如果我们想在自己生活的任何领域有所突破，那么我们个人的故事也必须改变。

“生活艰难”的故事

关于人类本性/宇宙的最终预设

生活是一场为了生存而与逆境展开的对抗。我们必须全力以赴与其他人竞争稀缺的资源，以获得我们的份额。这是一种无情的、适者生存的现实：强存弱亡。

由模式驱动而可能出现的问题

- 高度的压力和近乎永久的疲惫，强化着“生活艰难”的故事。这会助长抱怨，诸如“为什么总是这么难”。
- 竞争的、好斗的工作态度，限制与同事的协作和连接。
- 遇上麻烦，就试图与同事、朋友或家人分享并寻求支持。这导致能量消耗，又进一步强化了“生活艰难”的故事，投射到别人身上声称是他们不支持。

“男人不值得信任”的故事

关于人类本性/宇宙的终极预设

在生物学上，男人被性和进取所驱动。他们没法是可信赖的，他们只能如此，因为他们不具备浪漫至真的能力。

由模式驱动而可能出现的问题

- 为了防御被辜负的失望，于是回避亲密关系，而导致对关系的不满足、对信任的无法持续绽放。
- 保护性模式阻止了那些更脆弱、开放、值得信赖的男人的接近。不仅如此，为了证实这个故事，倾向于吸引（并被吸引）不值得信赖的男人，从而又强化了这个故事，并引发诸如“为什么我老是遇上混蛋？”此类的抱怨。

“吃/喝/抽烟能帮我放松”的故事

关于人类本性/宇宙的终极预设

身体就像一台机器，可以用某些物质使它放松。当物质能令人放松的时候，我们就没有必要学习如何管理自己的压力。

由模式驱动而可能出现的问题

- 倾向于相信外部物质有效，导致过度依赖或可能成瘾。
- 渴望会消耗大量的管理精力，从而放大了压力，使得不用更多物质就更难放松。如果担心成瘾，则转变为“我正在停止/放纵”的循环。

- 成瘾触发了羞耻和内疚的自我对话，引发更大的压力和抱怨，继而又驱使更多的依赖。

几乎我们所有的预设，以及为了加以解释而围绕它们形成的故事，都是基于我们4岁、7岁或15岁发明它们时的想法。这意味着运行我们生活的人生哲学，是由更年轻版本的我们自己所创造出来的。孩子和青少年不仅仅缺少关于生活的一些关键见解，他们还有过于丰富的想象力！

我们学会的许多预设和故事来自父母、老师和我们生活中的其他人，他们可能从来没有停下来去质疑自己的预设、故事和习惯过。就连卡通和电影角色也在传递预设。儿童故事的创作者不会花太多时间来检验他们的预设并核查它们的真实性！我们还是孩子时阅读或从电视上看到的每一个故事，都包含着一堆我们可能会承袭的信念。有谁没受过Wile E. Coyote* 的人生哲学的影响？

我们习得的故事、预设和人生哲学，成为一种自我实现的预言。我们竭力以符合我们的故事的方式行事。大脑观察我们在做什么，并用它来指导我们未来的行为。然后我们再编造一个故事为其辩解。[12]跳出这个循环的唯一办法是突破这种模式，改变故事，放下旧的预设，发明新的行为。如果你想改变世界、你的生意或家庭生活，首先你必须改变主导它们的故事。故事改变不了世界，但却会改变那些改变世界的

---

* 一部卡通片中的角色。——译者注

人。为未来创造一个赋能性的故事（并帮助人们在其中找到自己的定位）是关于领导力的全部，无论你是领导自己还是领导其他人。

我们可以先领导自己，再领导其他人，通过突破旧的预设并就地编织一个新的、聚焦未来的故事，来进入新的可能性。

搭建一个门面

当蒸汽被冷却至低于冰点时，会变成一系列的雪花。这是复杂性科学研究的迷人现象之一。世上没有两片雪花是相同的，并且从来没有一样过，尽管创造它们的自然“法则”是恒定且相对简单的。每片雪花都是影响它形成的所有变量，以及物理学定律运作方式的逻辑结果。温度、湿度、高度和位置都有助于形成每片雪花美丽而完全独特的六重对称性。

同样，你的模式都是你过去所有变量之独特而又符合逻辑的结果。基因、其他细胞构成、环境、经验等都参与形成了你的模式。把你所有的模式放在一起，就得出你的性格——这真的是一个超级故事，试图把所有的个人模式结合在一起形成一个或多或少固定的——关于你是谁、你是什么样的，以及你可以在生活中做什么的——想法。

在你的个性中将会有一些**人格特质**。通常情况下，它们整合得并不很好，各持相互矛盾的观点，这使得生活对我们和我们周围的人造成困惑。美国诗人沃尔特·惠特曼（Walt

Whitman）捕捉到了这个悲喜剧的现实，他在《我自己的歌》中说道："我自相矛盾吗？那么很好，我自相矛盾。（我很大，我包含许多。）"我们矛盾的和躁动的人格特质大多是虚假的，但是我们竭尽全力相信它们，以保持一个稳定人格的错觉。把它分解一下：

每个模式=条件反射+故事+预设

所有模式=性格=一套人格特质

在希腊语中，单词"persona"——由其衍生出性格（personality），意即"面具"。我们展示的模式、我们就它们所讲述的故事，以及支撑它们的预设都是面具。我们带上所有面具去应对我们面临的挑战。每个性格都是一个面具，帮我们隐藏我们的恐惧和脆弱。它们就像我们为防范危险使自己变得坚强而建立的围墙，即使这种力量是不真实的或虚幻的。这是我们的**门面**。

可悲的是，我们中许多人花了太长时间躲在我们的门面后面，以致我们被愚弄了，认为这就是真实的我们。我们相信了自己的炒作。但是，我们的性格并非我们所是，而是我们所变成的。我们不是嫉妒，而是学会了嫉妒从而帮助自己应付某些情况。我们心底里不是吝啬或刻薄的，只是学会了以吝啬或刻薄的方式去回应。我们不是愤怒，只是有时会变得生气。我们并非想要成为一个混蛋，只是在紧张时刻变得那样。门面是一种行为，在它背后有些真实的东西。

放下门面，让我们真实的本性、精华得以生发、光大。

以特定方式存在，和压力状态下的感觉或行为方式，两者之间是有显著差别的。在压力作用下，你的前额皮质和上脑抑制不了你的情绪下脑。在这些时刻模式跳了出来。一旦你意识到你并不受限于自己的模式或性格，你就打开了创造力的空间，不会再被谴责为一个控制狂、懦夫或者罪犯。一切皆有可能。

你不仅仅是你的模式，你所讲述的关于你自己的故事，也不仅仅是你的门面。你的朋友和敌人也不仅仅是他们的模式，而是更多。当你宽恕自己具有模式的人类本性时，你就再也不会对自己或其他任何人这么苛刻。同情自己的怪癖和弱点（模式）是突破的先决条件，这也意味着你会更理解别人。俗话说，只有被谴责的，才谴责。

我们都是在制品。我们可以训练自己如其所是地看待他人、他们的本质——在压力和恐惧触发他们成为另一个人之前。

值得好奇的是，我们的模式能绝妙地帮助提供我们突破所需的洞察力。我们不能改变自己所未察觉到的，但模式给了我们突破所需要的通道。

每个性格类型背后总是有一个清晰而合乎情理的逻辑，即使那些看起来完全疯狂或讨厌的也是如此。拆解这个逻辑，是能够持续突破我们模式的关键。所以我们来看看三种经典的性格类型，三种门面的特点。请记住，即使一天之内，每个人都可能会扮演所有这些性格类型（除此以外还有很多）。

门面1："大腕"

傲慢是一种旨在保护人们免受脆弱感的模式。他们自我膨胀、骄傲自大，以确保自己不至于觉得无能为力或微不足道。当动物面对捕食者时，你可以看到它们会这样做：它们试图让自己看起来比平时的样子要大。"大腕"模式试图防止任何人接近他们的弱点，这可能会管用一段时间。可能它还有助于在大学期间吸引到一两个约会对象，甚至可以帮助他们虚张声势地进入一个崇尚吹嘘自诩显摆炫耀的公司工作。然而，想要在亲密关系或合作团队中依靠这种模式则可能会导致问题。

搭建这种门面的人的朋友或同事们通常会说"我无法靠近他们"，或者"我不觉得他们曾经了解过我"。如果他们有任何理智的话，过段时间就会对其敬而远之。这甚至暗示着更大的问题。但是，"大腕"会将这些问题归咎于周围的每个人，因为主有自身问题是需要脆弱的。最终，如若不突破，他们将会陷入崩溃，也可能是精疲力竭或孤独寂寞。

门面2：控制狂

我们自婴儿期开始就已经产生了试图控制周围环境的不可预计性的欲望，这完全是正常的。但是，如果我们早年特别不确定或压力大，我们可能会开始企图控制一切。控制狂会发展出伟大的信念，以证明这种模式的正当性："命令使世界运行"或"混乱的人是失败的"。控制狂可能是个物品收藏者，或被待办事项清单催赶踢翻的人，或狂躁收拾的人。甚至会混入一点强迫症（Obsessive Compulsive Disorder,

OCD)。无论世界是多么不确定，控制狂知道他们至少可以控制一件事情（无论是一个项目、房子的整洁，还是玩偶的收藏)。控制型性格在处理具体细节工作方面可以很出色，然而跟恋人、员工或孩子们相处的话，这种性格真的能让生活变得困难重重。以一个管理杂乱无序世界的聪明模式开始，却以让他们欣赏不到周围人的自发性而告终。他们以出卖创造力为代价来换取控制的幻觉，直到不是这样就是那样形式的崩溃来临。

门面 3：玩世不恭

即使在许多知识界备受追捧的玩世不恭，也是一种旨在帮助人们应对生活挑战的模式。如果我们曾经被辜负，特别是被我们的父母，那么假设将来所有一切都会辜负我们往往会不那么痛苦，也好过抱有希望然后失望。玩世不恭者认为每个人（甚至自己）都是瞎扯蛋。他们通过宣称一切都是蹩脚货来预先防范幻灭。但讲真的，他们中有一部分人就是想再相信一次魔法。

作为成年人，玩世不恭者很擅长发现别人的弱点。他们批评每一个梦想，嘲笑任何疯狂的愿景，也包括他们自己的。然后他们发明了一个巧妙的故事开解自己的怀疑，也许告诉他们自己“科学是建立在玩世不恭基础上的”(这不同于：科学是一种建立在怀疑论的基础上，混合了乐观主义和想象力的醉人佳酿)。然而，玩世不恭者会持续碾压人们和创意，直到其创造力灰飞烟灭到感到卡住，或心如死灰到觉得痛苦为止。这是用另一种方式在说：他们陷入了崩溃。

模式的突破

正如我们所知，我们不能改变我们控制之外的事情，但我们总是能够突破我们的模式。每一个成瘾、每一个癖好以及每一种强迫，都是我们为了保护自己而创造出的一种模式。曾经让我们迷惑、费解的事情——我们明明想在两周后的海滩上看起来很棒时却在吃一堆饼干，或与我们所爱之人结束一段关系——突然变得清晰起来。我们正在展示一个原来旨在保护我们、现在却把我们搞得一团糟的条件反应。每个问题都可以用来把你从模式所造成的恍惚中唤醒，让你开始对生活创造出一个更有力的回应。几乎每个人都在某种程度上用模式破坏妨害着自己。突破这些模式、突破门面，你的真实潜力将会发光发亮。

开启并不是要成为一个新人。它其实是要你成为门面背后的、一直以来你本该如是的自己。

当我们取得突破的时候，我们是在突破已经限制自己如此之久的模式。我们是在扰动一直以来都习以为常的方式，好让某种新的东西得以浮现。这是突破点。为了做到这一点，我们必须抵制自身的条件反应磁力和那些令人信服的故事——无论我们对其有多么着迷。虽然我们的模式看似是永久性的——特别是如果我们多年来一直在试图突破它们，但其实只要给予时间和**承诺**任何一个模式都是可以被突破的。我们的神经印签是可以重新布线的，以使我们能更有创意地、更自发地回应我们生活中和世界上的问题。

你上一次与人吵架或有分歧的时候，运行了什么模式？它如何帮到了你？它如何限制了你？关于所发生的你告诉自己的故事是什么？

打开事情死结的一个简单快捷的方法是重写和编辑故事。你可以设想一个新的、赋予你力量的故事，而非限制你陷入条件反应。当你改变故事的时候，也就改变了你看待事物的框架。改变故事就**重构**了一切，包括问题本身。你可以选择将你同屋室友的混乱习惯看作蓬勃创造力的一种表达；或者，他们正在践行混乱边缘的生活艺术；或者，他们正在教你如何活得更自发和自由（这是一个非常普罗诺亚/乐善笃的解释）。你需要发明能帮助你成为你所选择的最有创意、最有爱心、最真实版本的自己的故事与框架。

现在，只要一个简单的举动，发现一种模式，然后有意识地中断它，就能突破它。然而，当我们尝试改变许多根深蒂固的模式时似乎并不那么容易。这是有充分缘由的。它们是为保护我们而存在，因此直到我们不再需要它的保护时哪儿也不会去。如果我们试图用自己的想法去改变模式，它们只会寸步不离，因为它们是受我们情绪所驱动的。我们得要进入情绪层面——**心**，才能对模式重新布线。这并不总是令人愉快的，因为我们必须进入我们的阴暗面。这意味着要对我们自己的 sh!t 彻底地负责。

要是不这样做，我们可能会试图摆脱这个问题（通过逃离某个谈话、关系、工作、项目、社区等），而不是进一步进入我们自己的内在。这看起来可能会更容易、更愉悦。他乡之月似乎看起来更圆。然而，这种**逃避幻想**的问题在于，我们还是带着自己的模式，它们会在下一段关系或工作中冒出来。我们的模式是为了获得可预计性。所以我们可以预计，它们会一再出现，把我们导向具有类似的崩溃的问题，只是环境和人的不同而已。这也可能耗上几个月或几年的时间，我们本可以用这些时间来发挥我们的潜力。研究表明，除非你保持思想的“体形”[13]，否则创造新的神经通路、发明应对生活新方法的能力会随着年龄增长而衰减。随着年龄增长，我们越来越依赖旧模式来帮助我们导航。

所以，你开启得越早，转变的模式就越多，活出的生命就越丰富。现在我们需要在突破曲线上更深入一步，从我们的问题中汲取全部的精华。

向模式开启

关闭的：模式是我们性格的一部分，这就是我们所是。你、我和世界都必须面对它，因为人是不能改变的。

开启的：模式是对某种压力、缺失或恐惧的一种完全合乎逻辑的反应。模式不是我们所是（我们不是我们的模式本身），而是在某些情况下当我们被触发时我们所成为的。这与**本质**上的我们是谁没有关系。模式通常限制我们，因此它实则是我们已经准备好突破的信号。

现在就开启

想到一个你要突破的问题。

手：你通常如何对这样的问题作出反应？你搭建了什么样的门面应对它们？

你能记得自己最早以这种方式行事的情形吗？

你的反应是如何保护你的？成功了吗？它们有什么缺点吗？

脑：关于这个反应你编织了什么故事？有人被羞辱、指责或抱怨了吗？

这个故事中隐藏着什么样的关于人和世界的预设？它们是赋能的还是限制性的？

现在编辑这个故事，看看其中有哪些是赋能的。看看你是否可以创建五个新故事。对于每一个故事，确保问题是平和、本愿、可能性、力量的源泉并为你所用。

心：当你向自己讲述你通常的故事时，是什么感觉？在身体内的何处？你能发现任何羞耻感或罪恶感吗？

尝试你刚刚发明的不同的故事，直到你找到一个真正激发丰盛、积极内在情绪的故事。看看你是否可以选择从现在起运行这个故事。

突破性提问

如果一个很有智慧的人为我特意安排了一种情境，来帮助我以赋能的方式重构此事，我会如何看待这个问题？

如果我是自己最中意的小说家或电影制作人，对于这个问题我可以编排什么样的故事，来激励我和其他人去连接、创造和协作？

第 3 章

痛　苦

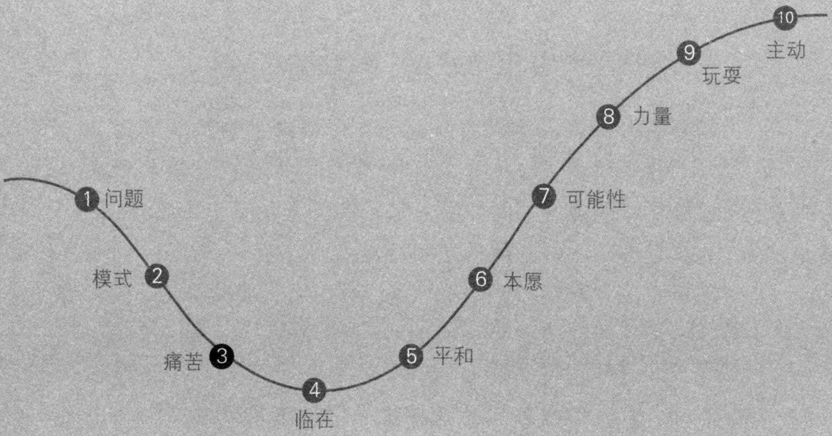

真正限制我们创造和盛放能力的模式，很难通过意志力来改变。如果耗能的故事连接着强大的内在情绪，那么它们就会像蜂蜜沾手那样粘在我们的头脑里。习惯会不断回来，无论我们多么想摆脱它们。这是因为我们最具限制性的模式的存在是出于一个理由：保护我们免受痛苦。我们可以通过控制来管理这些模式，但直到痛苦消解之前，我们无法完全突破这些模式。当痛苦消解之后，它们就无事可做了。于此没有任何“速效之策”，无论它是多么方便，也无论是谁告诉你有这种方法。然而，对每一个准备好跟随自身模式找到痛苦，再从另一头脱胎换骨地出来的人，都有一条已被尝试且被验证的路径。

想象一个无比巨大、无比广袤的开放的没有边界的空间。它可能是一个绿色青翠的无限场域或无尽空间的扩张，是你选择的感觉最安全、开放和自由的空间。

花一分钟，闭上你的眼睛，感觉这份无限……

这种纯粹可能性的感觉，是你可以成为、创造和表达的一切；是你随心所欲去感觉、思考和行为的自由；是你作为生而不同的个体，随着所处世界的变化而不断重塑自己的潜能。

据我们所知，新生婴儿不认为自己是一个个体。他们觉得自己是与母亲和周围的世界融合在一起的。在他们的前面是一千种人格类型的潜力，这取决于他们的基因、环境和经验如何相互作用。当被捧起、搂抱、喂食和裹在襁褓里时，他们感受到（但愿如此）很多的爱。理想情况下，他们会感受到周围海洋般浩瀚的安全感。理论上，大多数非常年幼的婴儿可以独自待上相当长一段时间，只要基本需求得到满足，他们就满意了。但是，这一切都将改变。这一转变对于每个人来说都具有挑战性：婴儿、父母、兄弟姐妹和周围的人。婴儿即将创建一些模式，以便能尽可能地继续感到安全和安心。

通过了解在这个关键发展期所发生的，我们便可知道如何“破解”这个系统，甚至是对我们最根本的模式进行重新布线。

大大的“哎哟”

在第一个生日到来之前，婴儿将开始意识到自己是个“东西”，是一个个体，而不仅仅是父母的延伸。他们越来越意识到在自己的身心是什么和不是什么之间是有边界的。我假设（鉴于没有人能真正知道）：他们是从认为自己与父母（及其他一切）是一体的，到意识到自己是完全独立的存在。这在起初可以是很吓人的感觉。现在，他们独自待着时会经常哭闹，和陌生人一起就更是吓坏了。这就是所谓的**分离焦虑**。

分离焦虑是发展中完全健康的一部分，所有婴儿都会在一定程度上体验到。如果没有与父母分开过，你就不可能成为现在这个独一无二的、富有创意的个体！然而，作为婴儿，这种分离体验是情绪痛苦的开始。无论是情绪的痛还是身体的痛，都在大脑的前扣带皮层的同一区域被感觉。棍棒、石头和言语都伤害到同一个地方。每当我们觉得缺乏安全、保护或爱的时候，就会感受到一股……

哎哟！刚进我们家的那个人看起来很吓人！

哎哟！我想喝奶时却没有，真糟！

哎哟！我的玩具被拿走，太可怕了！

相当合理，我们抗议。

哦！不！

那个“不！”意味着我们希望事情有所不同。我们想要更多的某些什么（关注、拥抱、零食）和更少的其他什么（陌生人、湿尿布、被忽视）。我们用痛哭或哭喊表达“不！”，因为除此没有什么其他选择。加之，我们发现这样做可以让我们得到自己最想要的——关注！另外，当哭喊或发脾气时，我们的身心有机会释放积累的紧张，恢复到一个更平衡的状态。当我们发现语言时——通常在 12 个月到 36 个月，我们开始使用言语、哀号等来增强情绪的“不！”。我们也是自此开始在内在编织关于世界的故事。

随着年龄的增长，从因拿不到遥控器而难过，到看见父母的争吵，我们开始体验新形式的痛苦。在这些时刻，只要我们因情绪触发而作出反应，就会复制或创建模式。记住，情绪是我们至关重要的进化适应，它引导我们走近或远离事物（参见序言第 1 页）。我们的新模式旨在保护我们防范可怕情绪并增强积极情绪。鉴于我们的生物机制，保护自己免受威胁和危险（痛苦），将始终优先于获得更多的乐趣。当我们感觉到与自己的照顾者连接越少，我们所感受到的痛苦就越多。心理学家估计，我们中有 40%～50% 的人在婴儿期没有享受到与我们父母连接的安全感或**依恋感**。[1] 我们如何依恋照顾者，同时他们又如何在各种日常情境中对待我们，这些开始塑造我们，并留下了很大的印记。我们许多最顽固的模式都是为了应对有关连接、依恋和分离的痛苦。

在继续长大的过程中，我们意识到自己还是没有太多控制权，由此产生的无力感是一阵巨大的“哎哟!”——这也就是我们的许多模式都试图在这个总是由父母、照顾者和老师当老板的世界里，给我们一种表面控制感的原因。发脾气或愠怒比起感觉无能为力要好受得多，因为至少当愤怒或闹情绪时我们感到尽在掌控。于是这便成为另一个固连到基底神经节的有用模式。有些孩子发现“乖巧”和“友好”通常会让他们得到想要的，于是便发展出此类模式来对事物施加控制。所有这些模式都在试图阻止我们感受到一种深刻的无力感，这也往往是我们大部分的成人愤怒（当然，如果我们有的话!）的根源。现今爆发的成人愤怒常常是试图掩盖一种无能感。

这些日常的分离、“哎哟!”的体验，无须以任何“虐待的”或“黑暗的”方式便可在我们身上留下印记，从而刺激模式的产生。成长的行为不可避免地会伴随着一大堆令人感到威胁或失望的经历（以及偶尔深刻的恐怖）。父母们每周都会无意识地做几千件事情（通常是从他们自己父母那里承继来的），其中许多并不完全是他们的孩子在那一刻所想要的。这很痛苦。养育孩子是有挑战性的，每个家长都在某些时候有所过失。这真的很痛苦。但这并不意味着父母虐待了我们（或我们虐待了孩子），只是说明我们都是凡人。

我们在生命的第一个十年中所无法做到的一件事是选择离开生活的地方，因为此时所有事情都要依赖我们的亲属。于是，面对任何无法逃避的痛苦的情形（因为又不能起身一走了之)，我们被迫发展出各种模式以求生存。运用曾经在第 2 章（参见第 51 页）中探讨过的预设，现在我们可以提出以下保护我们免受痛苦的模式。

“生活艰难”的故事

关于人性/宇宙的终极预设

生活是艰难的，只有强者才能成功。

痛苦

妈妈一直在工作。当她在家时，总是紧张、焦躁，抱怨生活如何艰难，而不是和我们一起玩乐。她非常坚强，维持着生计……但她又是如此防备，从未以开放的**心**态和心智与我们完全地连接。

为保护而形成的模式

为了避免痛苦，我们无意识地决定自己也要强硬起来，以防止任何失望。等成年以后，我们便很少再在周围人面前表现出脆弱。

“男人不值得信任”的故事

关于人性/宇宙的终极预设

所有男人都不值得信任。

痛苦

父亲很不牢靠。他说好要带我们去某个地方，但却很少兑现。总是会冒出些什么事情来。

为保护而形成的模式

为了避免重蹈与父亲在一起时先兴奋后失望的覆辙，我们无意识地决定永远不在关系中过于亲密，以防再度令人失望。作为成人，我们宁可先抛弃别人也不要被别人抛弃，因为那样就由我们控制。我们无意识地选择了有距离的和封闭的伴侣，因为至少他们不会因我们而失望。

“吃/喝/抽烟能帮我放松”的故事

痛苦

作为孩子，我们害羞、笨拙、自尊心不足。我们的父母没有智慧去看到、理解并帮助我们。每次我们出门都是痛苦的、尴尬的和羞怯的。

为保护而形成的模式

通过效仿周围的人，我们发现食物/酒精/香烟帮助我们内在感觉更好（几分钟或几小时）。它们转移了我们的忧虑，帮助我们在与他人相处时看起来更酷、更有自信。待成年后，这便成为当我们感到不安、挫败或缺乏信心时的一个社交排遣。

熬过痛苦

5岁小孩的头脑无法反思一种情境并想到：“啊，妈妈因为要照顾我并保住工作而筋疲力尽且睡眠不足。她得不到父亲的支持——他正忙于工作，好在这场可怕的经济萧条中挣到养家糊口的钱。没关系，我会安静下来等到她回来，给我真正想要的拥抱。”相反，失望或沮丧的情绪压倒了我们，我们以某种能够释放一些紧张感的行为作出反应，并用一系列解释性的故事将它包裹起来。

我们编造的故事旨在让我们相信一些根本的东西：“我跟这些人在一起是安全的。”这对每个孩子来说是第一要务。

如果我们认为自己的主要照顾者是错的或坏的，似乎我们会感到不安全。所以不管父母做什么，我们必须以正面的形象投射他们。例如，如果你的父亲很忙没有很多时间和你玩，你会把这归咎于自己，而不是他。如果你的母亲有张刻薄的嘴，你会把这归咎于自己，而不是她。即使我们的照顾者是个挥舞拳头的瘾君子那样完全不适合亲子养育的人，也不会妨碍我们把他们的行为视为正常。因为如果不这样做，就意味着我们是不安全的、遭殃了的。这种想法对于一个孩子来说是完全无法容忍的。在这个年龄，即便是爱也要让位于安全感。

所以，我们不是去思考父母有任何的错或坏，而是自行发明了一个故事，声称我们是自私的/愚蠢的/卑鄙的/愤怒的/不幸的。我们责怪自己。我们扮演坏的或淘气的角色（还经常扮演得很成功），并且阴暗面是天生的。但是，当我们创建这个门面的时候，却遗失了自己最开放、最脆弱和最有创造性的部分。我们牺牲自身的自发性和灵活性，以得到安全感和免受更多痛苦。我们的某些部分在时间中冻结，没能成长和成熟，相同模式的行为不断重复上演，而没有随着时代的变化而适应。我们不允许自己的“内在小孩”盛放。[2] 只要我们把内在小孩抛在身后，上演着守卫自己的行为，我们也就无从问津自己的创造性潜力。

每当我们发现自己卡住、心烦或担忧时，都是一个重拾自己失散已久的内在小孩，把他们从过去的流放中带回来的机会。

我们不得不为内在小孩的行为开解，也因此发明出故事和预设将其合理化。可悲的是，这些故事可以缠住我们很长时间，也可能会导致疾病、犯罪等其他许多问题。[3] 研究表明，持有更乐观故事的人，往往对其父母有过更深的依恋。那些持有不那么乐观故事的人，则相反。[4] 对于人类繁盛最长的研究之一——哈佛大学的格兰特研究，跟踪研究对象 75 年，追踪他们生活过程中的经历。研究发现，与母亲保持温暖密切联系的男性，相比没有这种关系的男性每年多赚 87000 美元，他们更高效，而且患痴呆症的可能性小得多；[5] 与父亲保持温暖密切联系的人往往有较少的焦虑、更多的生活享受、更高的成就、更多的好奇，他们变得沮丧、上瘾或涉足犯罪的可能性更小。[6]

父母的纽带关系似乎给了我们许多用来架构整个生活的故事的灵感启迪。我们也会复制父母的故事，就像我们模仿他们的行为一样。如果他们有一个乐善笃的故事，我们也会倾向于用它来指导生活。我们那些将痛苦掩盖包裹在泡沫中的故事，告诉我们能做什么、不能做什么；我们可以跟谁约会、不能跟谁约会；我们可以多么健康、可能多么混乱。直到我们找到一种方法来帮助内在小孩感到足够安全、不再付诸行动之前，我们的模式不可能改变。这就是为什么我们的许多模式——包括羞耻、自尊和上瘾——是如此难以转变，其存在是因为内在小孩认为仍然需要它们。直到内在被重新布线之前，改变不可能实现。如果在我们的身心系统中仍然存有痛苦，那么直到被释放之前它都会抵抗任何重新布线。这似乎是系统进化的方式：不惜以一切代价加以捍卫！只有不断地管理，直到内在痛苦被彻底转变之后，模式才会解除锁定。

管理我们的问题和与之一起繁盛并不相同。没有人会被判处只能“应付”生活。我们可以选择在任何时候开启，并将痛苦释放转变为平和。

大脑中的痛苦

每当感到某种匮乏或丧失，我们就会觉得痛苦。我们将这种**痛苦的记忆**存储到杏仁体——我们的情绪激活及情绪指导系统之所在。这意味着我们最强烈的记忆，非常接近指导所有行为的地方，能够快速影响我们的行为。不太强烈的记忆似乎存储在海马体中，离得更远些（见第 35 页）。情绪越强烈的经历——更大的“哎哟！”，记忆越强。身心的不可捉摸之处在于，在体验强烈的时候，它会产生“隧道记忆”。

我们不记得事件的本来面目，而是透过一层烟雾，并把记忆中有着最大印象的那部分放得过大而记忆。

当我们第一次以“哎哟!”对某人某事作出反应时，一小簇神经元被点燃，与包括习惯、预设和身体感觉在内的反应记忆联系起来。随着时间的推移，这些神经元变得“强固”起来成为强烈而丰硕的一簇神经。这个神经印签——痛苦记忆和模式的晶格，变成了一个**痛苦-模式晶体**。当我们扫描所处环境，不断找寻危险（和机会）时，一旦发现周围有任何远看像是最初强烈体验的事物时，这个痛苦-模式晶体就会被触发，然后生存之旅立即激活。我们知道，作为成人很少会真正碰到危及生命的局面，只是很久以前发生事情的一个回声罢了。可我们的身心却不管：整个激素和神经学的瀑布倾泻在我们的系统上。我们的身心只聚焦于感知到的威胁，仅此而已——这就是“隧道视野”。你知道它什么时候出现，因为你会深陷于某个事件或问题，沉思、不安、恼怒。我们的系统把它当作危险。

每一次某人或某事触发了一个痛苦记忆，该神经印签就被强化一次，并进一步巩固记忆。我们的神经排布是通过我们与他人的关系创建的。开创性的神经精神病学教授丹·西格尔（Dan Siegel）认为，是整个情绪系统使我们和他人相连接。[7]

我们的神经元，和我们在关系场域里与之一起成长、共事及生活的人相互关联。他们的所作所为改变了我们的大脑；反之亦然。

对患有创伤后应激障碍（PTSD）的人的实验表明，如果我们回想起一个痛苦的记忆而不尝试改变它，那么我们只是加强了记忆并进一步深陷于痛苦-模式晶体。经过多年的**巩固**和条件反射，我们大脑的整个结构发生变化，特别是前额皮质，它是冲动控制和注意力区域。重复性的痛苦会使前额皮质萎缩。[8] 在极端情况下，整个大脑皮层区域会变薄。[9] 身体上或是情绪上的持续痛苦，能使大脑的尺寸缩小 10%。这使我们更加难以调节自己的心情、恐惧和烦恼。[10] 在对一个 2 岁孩子的大脑扫描中发现，弱势社会经济背景的孩子（经历了很多痛苦）的大脑布线往往有所不同。[11]

好消息是，所有这些变化都是暂时的，一旦我们不再经历痛苦和/或在我们的关系中获得更多的爱与连接，就可以重新布线。大脑非常有弹性！[12] 生活中许多痛苦的经历给我们的情绪场域留下了一系列敏感点，它们可以在任何时候由一个可信任的男朋友、好友或老板触发。这就是为什么当我们以极端的方式，对在别人看来可能不是很强烈的事情作出反应时，他们会感到惊奇（反之亦然！）。原始的伤口，最初的“哎哟！”，成为身心深处的一种针刺。保护性模式在每个伤口周围结晶，就像在皮肤上形成的痂一样。

失去创造力，得到痛苦

大自然通过给予我们方法和妙计使我们创造出免于困难和危险的模式，为我们童年的困难提供了完美的解决方案。

随着时间的推移，这些模式形成了我们的门面：一堵砖墙来挡住我们不喜欢的那部分世界。每一块砖都是一个针对“哎哟！”“不！”的反应。随着自身的成长，我们在自己孩子气头脑的广阔空间里竖立起越来越多这样的围墙。围墙的工作非常成功，不可预计的以及痛苦的世界被隔绝在外，不得近身。

建起门面 筑起围墙

与此同时，把我们在与照顾者一起时所体验到的沮丧和失望投射到宇宙本身也是很常见的。我们开始不信任所处其中的整个世界、人性整体，乃至宇宙本身。这种缺失的经历，是我们对人性和世界之运作方式的终极预设的起源。所以，围墙在挡住人们的同时也挡住了生活。

你与宇宙是什么关系？你信任它吗？你相信它是支持你还是阻碍你的？是痛苦的吗？你对人性抱什么信仰？世界的运作方式是怎样的？是痛苦的吗？

随着我们度过青春期并进入成年期，我们开始推翻自建的围墙。曾经旨在阻止痛苦的东西现在开始伤害到我们——困住我们，使我们陷在自己的舒适区内。如果我们留在墙内，我们将失去创造、成长和盛放的能力。我们的创造精神已经准备开动了，可是围墙阻挡了它。从普罗诺亚（乐善笃）的观点来看，宇宙甚至在托举我们，但我们却不断地把这善意的手掌推开。

被围墙包围

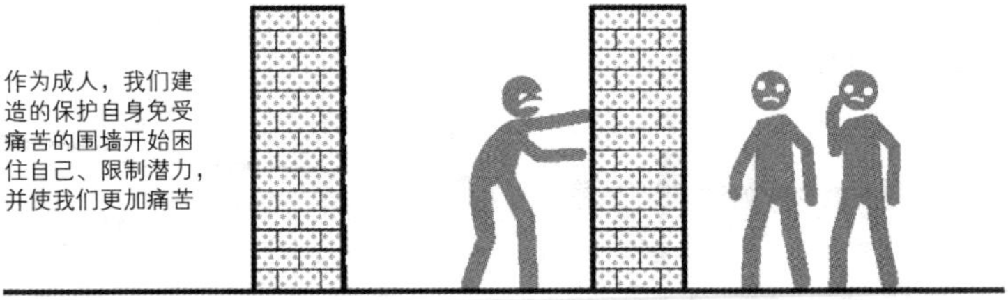

一段时间内，我们中的许多人会成功应对这种受到限制和束缚的痛苦。宁可应对新的痛苦，也不要冒遭受给我们童年头脑留下那些印象的旧痛的风险。于是我们变得对不舒服的、狭窄的内心世界觉得舒服，并充分利用这个舒适区。但是，对于许多人来说，我们的潜力——我们盛放的驱动力——最终会在所受压制的痛苦变得多到不能承受之时，推动我们扩展。我们被围墙困住，被我们自己的门面包围。任何经历过抑郁症发作、关系破裂、一点点焦虑、轻微强迫症或有点成瘾的人都知道这一点，这会像地狱般难受。我们大多数人意识到有一种方法可以越过围墙，只是不知道如何突破。

热门新闻：作为一个孩子你经历的大部分失望和威胁真的不再存在了！就算还在，你却不太可能还是当时那个那般无助的你了。除非你允许，还有谁能在情绪上再伤害到你吗？没有！你可以自由地治愈原来的伤口，并将自己从痛苦的记忆中解放出来。然而，正如你可能已经发现的那样，你无法通过蛮力实现这一点。你不能用你的意志强行让自己感觉良好，你无法简单地告诉自己要超越痛苦。反之，你（也许是一个专业人士）必须与你自身筑起围墙的那个部分进行接洽，并与之共事，从而使其瓦解。

继承痛苦

强烈的情绪，比如那些伴随痛苦记忆的情绪，可以改变神经细胞中的突触、DNA和染色体。这些基因的变化被称为“表观遗传学”变化，并且正在让科学界热血沸腾。几个世纪以来，科学教条认为我们可以从父母那里继承基因而不会继承行为。现在它正在被重新审视。最新的研究表明，由压力驱动的变化以及由此产生的痛苦-模式晶体可以传递给后代。我们不只模仿父母的模式，还直接在我们的细胞中继承它们。[13]

这个领域的早期工作已经在老鼠身上做过，因为它们的神经系统与我们的相似。与那些没有得到很多爱的小鼠相比，被鼠妈妈舔抚得较多（相当于一个充满爱的家庭环境）的小鼠大脑中的抗应激细胞受体的组织有所不同。未被舔抚的老鼠最终导致抗应激受体阻塞，并很快变成永久性的压力。压力驱动的变化一路被传递给了它们的子孙。[14]

对人类的早期研究表明，在压力环境中长大会磨损我们染色体的末端。来自贫困或不稳定家庭的孩子与那些来自更滋养的家庭的孩子相比，这些保护“帽子”要短20%。这些“帽子”是否可以治愈，以及是否会遗传给后代还不能确定。[15]

遇见保护者

在所有构成你的个性的模式背后，是生存的基本力量，我称之为“保护者”，它是保持围墙、支撑门面的能量。每个人都有一个保护者，它是我们生存驱动背后的力量。这个努力工作的（而且通常未被嘉许的）部分，自我们很小时就开始保护我们抵御实际的和感知到的威胁，并受到诸如皮质醇、肾上腺素和睾丸激素之类的应激激素的协助。它不惜一切代价地持续保护我们免受威胁，即使那意味着要生活在盒子里。它信守：宁要安全和可预计，也不要难过和自发性。虽然我们可能会对自身的模式感到沮丧，但它们是**保护者**设计出来旨在帮助我们的。保护者会继续激活模式，直到它觉得危险已经过去、痛苦的记忆不再被锁定。

多年后，保护者学会了防止世界及其中的世人伤害我们的重要规则。例如：

- 别摸热炉子。
- 不要走进行车道。
- 避开毒蛇。（是的！）

- 不要跟疯狂的人说话，并且绝对不要爱上他们。(啊呀！)

这些都是避免身体和情绪痛苦的有用策略。然而，正如我们所看到的，这其中的许多规则远远超出服役期限，执意挺进成年期而成为人格特质：

- 从不冒任何风险，以避免失望=懒虫。
- 承诺感觉起来吓人，永远别这样做=花花公子或花花女郎。
- 不惜一切代价，以免受伤害=冰雪国王或冰雪女王。
- 对人喊叫，他们就会听你的话=可怕的老板。
- 尽可能努力工作，他们才会尊重你=工作狂。
- 使一切都完美，然后你才是安全的=完美主义者。

保护者的职责是通过触发模式来使我们免受痛苦。保护者阻挡了世界，然后用我们自己创造的故事催眠和抚慰我们。模式并没有错，它们不是要证明我们是坏的；它们不愚蠢，也不恶心；它们只是保护者为拯救我们免受痛苦而精心设计创建的解决方案；它们是保护者在说着：

不，不要再来，永远不要！

不再害怕貌似愚蠢、一无是处、一无所有、失败认输、没有出息、犯错被逮，以及生活本身。最重要的是，不再害怕匮乏！然而，一个模式被创建出来。可见，我们的模式实际上证明了我们大家是多么善于保护自己免受痛苦。问题是保护者的工作可能耗尽我们的精力。每当它认为有人对我们不敬、忽视、抛弃或拒绝时，就会用尽全部宝贵能量保卫我们。所以当你感到沮丧或筋疲力尽的时候，通常说明一个迹象：保护者正处于高度警惕，保持你的痛苦锁死以及你的护墙不倒。

想象一下：如果保护者不用在这么多时候都来保卫你，那么你会有多少能量？更重要的是，利用这些能量你能做多少创造性的事情呢？

按照设计，保护者只能转移你不想要的东西。它可以不遗余力地永远不让失望的痛苦再次伤害你，却无法帮助你吸引你想要的爱、平和以及可能性。就像它挡开了有潜在危害的突发弧线球，却不能把它们赶出场外。它的职责就是生存，只会说："哦！不！"它对盛放一无所知，盛放需要一个"是！"。因此，我们需要找到一个方法帮助保护者休息一段时间。

抵抗是徒劳的

在感觉到安全之前，我们所有人的内在保护者都不会放弃规避痛苦的模式。只有当我们学会如何为自己提供每个婴孩都渴望的那种安全连接、无条件爱的环境时，保护者才会作罢。

作为成年人，没有其他人能够为我们提供盛放所需的安

全、保护和爱。只有我们自己才可以。

你的核心作出这一根本性转变的第一步，是去如其所是地接受你的模式。你越是想要跟自我破坏的模式斗争——恨自己脾气暴躁/肥胖/瘦弱/不幸——它们就被锁得越深。保护者是由痛苦触发的。所以，每当它感觉到你因没有成为你想成为的人而攻击自己时，它就会沉潜待发，并用更多模式来防卫。保护者需要被爱、被拥抱和被愉悦来加以改变。责怪、羞辱或抱怨只会加剧痛苦，继而加强其活动。

正如其被设计的那样，保护者会试图用任何必要的手段来保护我们，即使这意味着更多的上瘾、愤怒或沮丧。如果我们只是试图用意志力强迫自己改变，模式通常会变得更加强大。任何经历过一段时间节制后又大吃大喝的人都将证明这一点。试图破坏模式，而不首先让保护者放心它是安全的，是行不通的。这与系统的设计背道而驰。

你所抗拒的，一定是你所坚持的。

你对自己说话越严厉、越是用负面的自我对话批评自己，就越有可能触发更多的模式。然后你很可能会感到更加痛苦——对自己模式的焦虑或羞耻。然后将会有更多模式上演。这就是我们内心痛苦怪圈的螺旋式循环往复的机制，直到它们把我们弄到崩溃——处于一种紧张、垂死挣扎的断片中……而且它会一直持续下去。我们内在的保护者让我们就像一张被擦伤的唱片那样，围绕着问题—痛苦—模式的生存之旅绕圈子，陷在生存和受苦的循环中（参见下图）。

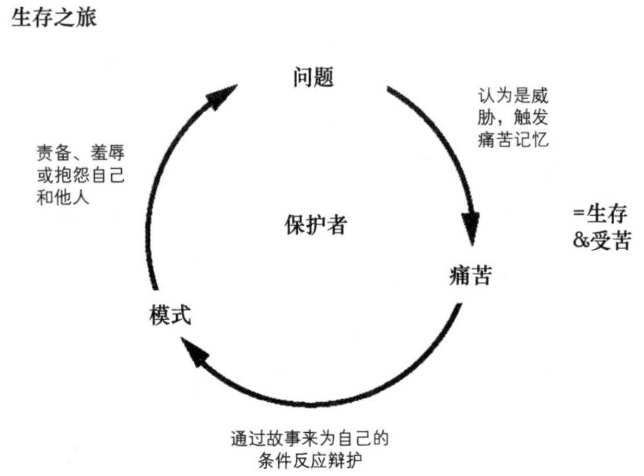

与电视节目《飞黄腾达：学徒》(*Apprentice*) 中的保护者永远不会被解雇不同，如果你既不能解雇保护者，也不能强迫它改变，那么唯一的选择就是与它一起工作。不是鞭打它，而是让它休息一下；不是攻击它，而是感激它对你的帮助。它感觉到的爱越多，就越有可能起来去突破。为了你的利益，保护者可以做任何事情。它的行为可能摧毁过爱情、职业生涯或友谊，但一切都是以保障和安全之名。如果它感受到你的感激之情，它将会对改变开放。看看你是否能感谢它这些年来一直护你周全。去吧，就现在。

谢谢你！

重复几次。现在，慢慢地舒缓地深呼吸，然后说一些类似如下的话：

谢谢你这么多年来一直保护我！你做得真好！如果没有你，我就不会在这里。

谢谢你！

当你这样做的时候，感受你身心内发生了哪些变化。你能感觉到内心深处某种原初的东西放松一点了吗？这就是保护者在感到被聆听和受尊敬的时候的一个难得的平静时刻。感谢它可能会让你觉得奇怪，但是只有当保护者觉得受尊重时，才会允许你重新布线你的模式，以释放你重组自己的世界时所需要的能量。

亨利和温迪：乍一看的挫败

用一个名字称呼我们的性格特征，会在“我们本质所是者”和“当感到恐惧或紧张时我们变成的人”之间产生一点距离。它提醒我们，我们的性格是由保护者发明的，并非永恒的或本质的。

我的中间名之一是“亨利”（以我的德国出生的祖父 Heinrich 的名字命名）。尽管老套、忠实于他的德裔祖先，亨利却是一个大师级的组织者，他做了大量的事情。没有他，我就不可能经营两家公司，成为一名投入的伴侣和父亲，同时写书。亨利试图保护我，但他很容易变得有点专横霸道，告诉我周围的人该做什么（在这个过程中很少交到朋友）。

保护者想要确保我永远不用面对离婚带来的痛苦和随之而来的混乱。但我仍然可以回忆起这些时刻的一些主要的痛苦记忆。随着时间的推移，这种感觉太可怕了、太不安了，所以保护者通过发明亨利来弥补。现在，每当我感到被压垮的时候，尤其是被混乱和瓦解压垮的情况下，亨利就会跳出来对混乱施加秩序。这对经营一个四口之家真的很有帮助，但对包括我在内的每个人来说也恰好可能是一种令人讨厌的痛苦。

我的妻子内在则有一个“温迪”，一个热爱自由、冷静的少女，散发着加州冲浪的氛围（我妻子在那里长大）。温迪有忍者的技巧，让我的内在亨利变得淡定，帮助他放下，让我的创作精神得以回来。然而，温迪也可以表现得像个被宠坏的孩子，她不愿意为自己做任何事情，或恰当地把事情做完。当她很小的时候，她的父亲就离开了，再也没有回来。她的痛苦记忆是一个没有任何人帮助她感到强大的童年。为了保护自己免受无能的折磨，她的保护者发明了温迪。温迪才懒得管失败这回事。

保护者发明了温迪和亨利来处理同样的痛苦——无力的痛苦。现在亨利和温迪有时也会互相挫败，但因为爱、耐心以及本质上的彼此连接让他们相互的疗愈更多。

你会喜欢保护者的所有模式吗，即使它们伤害了你和其他人？

保护者设计了你的防御模式，所以这些模式可以被重新设计，以适应你生命中更有智慧、更有创意的观点。当保护者感到安全的时候，它就会开始释放痛苦，放开旧的模式，因为不再需要它们了。保护者不这样做，是因为你告诉它这样。只有在安全的情况下保护者才会去做。这是合乎逻辑的，不是吗？一旦你接受了你的模式和设计而不是抵抗它们，一切皆有可能。

当我们为自己提供安全和爱的时候，我们向保护者证明，没有人能够在情绪上再次伤害到我们。人们可以做各种各样的事情来惩罚我们，但是如果我们能够提供一个内在持续的安全和爱的源泉，我们就不会被伤害。然后，即便处在最糟糕的情况下，我们仍然可以在我们的**手**中找到创造力，在我们的头**脑**中找到宽恕，在我们的**心**中找到爱。安住于这种智慧中，我们可以向我们的保护者保证：一切安好。随着时间的推移，这些模式逐渐隐去，创造力就在原地流动起来。

从限制到创造力

尊重、爱护和重新教育保护者的过程，是所有持久转变的关键。通过全身心地投入到最初的痛苦中去，无论它看起来有多么大或多么小，我们都给了自己的**心**灵一个摆脱它的机会。一旦这种情况发生，我们的头**脑**就会开始编织令人鼓舞的故事，这将运用到我们的创造力和潜力。然后，我们的**手**可以构建振奋人心的项目，为我们的生活和我们所爱的人带来一些不同。用以保护我们的能量现在可以转而成为一个更自信和富同情心的情人，一个更具影响力和远见的领导者，或者一个更有同理心和灵活的父母。

当我们从心灵取走碎片时，很可能会发现隐藏在痛苦-模式晶体中的正是我们丢失已久的特质和天资。在“大腕”的痛苦背后，是我们渴求的种种不费力气的冷静和自信；在控制狂的痛苦背后，是我们一直梦寐以求的力量和潜能；在玩世不恭者的痛苦背后，是我们一直渴望的所有的魔力。这些天赋，以及其他类似的天赋，就像未经切割的钻石散落在每一个痛苦-模式晶体内。它们在那里等待，直到我们准备好把阴暗面照亮，找到它们。

爱的奇迹

主攻童年创伤影响的鲍里斯·西吕尔尼克（Boris Cyrulnik）是一位备受尊敬的医生。他曾就哥伦比亚的娃娃兵以及卢旺达种族屠杀的受害者展开工作。在罗马尼亚，他对那些多年来一直被安置在机构里、拒绝情感的孤儿展开工作。没有爱，他们就会变得孤僻和害怕；许多人停止说话；其他人在床上默默地摇晃；有些人对别人非常不信任，以致当别人走近时，他们会试图咬人。他们勉强生存着。这些孩子在完全内爆之前所留给自己的也就只有这些模式了。

然而，当这些孩子被安置在充满爱的家庭里时，他们能够在一年内恢复过来。他们的前额皮质恢复到正常大小。他们不再用如此极端的模式来保护自己。爱意越坚实、越真诚，他们就越快回到生命中，就像在沙漠中降下的雨露唤醒花朵绽放。西吕尔尼克对这些孩子展开的工作表明，无条件的爱可以帮助孩子们从最糟糕的虐待中疗愈。如果爱能让那些受到如此不良待遇的孩子恢复过来，那么我们可以相信，爱对我们也会如此。

深入到隐藏于阴暗面之中的痛苦，需要魄力。这并不意味着我们要用更多的肾上腺素和皮质醇来克服恐惧，那只会造成更多的压力。我们需要培养一种勇气，来鼓励自己这颗有时生硬粗糙的**心**灵，在它最渴望接近时能保持开放。心灵越是开放，就能释放更多痛苦。勇气就是要保持脆弱、非防御，这样我们才能保持对存在于痛苦中的可能性的开放。当我们在恐惧中关闭时，通往自由的大门也随之关闭，隧道视野取代了广阔视野。如果我们没有勇气对所出现的事物保持开放和接纳的心态，就无法维持健康。“勇气”（courage）这个词的词根是“心”（coeur）。我们必须有一颗大的、开放的、充满爱的和**开启的心**，才能更富勇气。

正如马克·吐温（Mark Twain）所说：“勇气不是没有恐惧，而是掌握恐惧。”有勇气的人仍然会注意到自己的恐惧并且观察到痛苦的升起（这可以在大脑扫描中看到），但是不会让它引发压力。遵循 ABC 控制法（参见第 1 章第 27–29 页）可以阻止我们被触发进入惯常“战斗或逃跑”的反应，并允许我们对周遭的环境保持警惕和适应。[16]带着勇气（和好奇），我们可以抵抗生存之旅足够长的时间以处理我们的痛苦。这意味着要把勇气从我们的头**脑**转移到我们的**心**灵，在那里我们可以充分地**体现**它。

当我们拆除那些长久以来挡生命于外、陷我们于内的围墙时，我们是在做着生命中最重要的工作。这种**内在工作**，将带给我们所有一直想要的冒险和爱。我们得以在破旧老建筑的原址建造耀眼的摩天大楼。我们不再沉溺于那些掩盖痛苦的种种——狼吞虎咽下一块奶油蛋糕或是酗酒喝醉后的一通肆意喧闹——转而着迷于寻找我们的真相，并让它解放我们最强劲勇猛的创造力。没有什么比在我们千疮百孔的性格外表下找到自己的真正品性更让人快活的了。我们自觉拆除的围墙越多，就能打开越多的空间，让我们附满汗水与灰尘的真正品性得以闪耀，准备好在短暂的荣光中给世界带来甜蜜的爱。

痛苦为我们指明正确的方向。正如创作了第一本百科全书的法国哲学家丹尼斯·狄德罗（Denis Diderot）说的那样，“所有那些搅动灵魂的，所有留下恐慌印记的，皆通向升华”。[17]当我们以绝对的明晰与勇气学会揭示每一种模式并发现原来痛苦是被设计用来掩饰的，我们也就接近了（任何工作、性征服或烈性药剂都无法带给我们的）平和、力量和可能性。

我们给予自己的爱、支持和保护越多，就越是能够深入到内在去接近我们的真相。真相，它光彩熠熠、生机勃勃，并始终能还我们自由。

向痛苦开启

关闭的：必须不惜一切代价避免痛苦（这包含了首先承认我们是有痛苦的）。脆弱是痛苦的，而我们可以通过逞强或隐藏来回避它。

开启的：未被疗愈的痛苦是成为一个完整的人所不可避免的一部分，它影响着我们所做的一切。痛苦是一种对自身更多爱、保护和支持的邀请。当我们这样做的时候，痛苦得以离去，真相给我们以自由。

现在就开启

提醒自己一个你想要突破的问题。

手：隐藏在对这个问题的即时身体反应之下，你能在你的身心内在发现任何紧张、沉重、黏滞或空虚吗？你能允许它存在而不试图去改变或驱逐它吗？

现在想象一下，这是一种痛苦-模式结晶，有很好的存在理由。如果你让晶体熔解，留下一颗未经切割的真相钻石，它可能会提供或告诉你什么是可以解放的？

脑：你最具破坏性和妨害性的模式是什么？它们如何阻碍了你的辉煌之路？它们是怎么搞砸跟其他人相关的事情的？

现在，把保护者看作你内在的一股力量。它建立了你的模式使你免受痛苦。尝试一下这样的想法：所有这些模式都是为了帮助你安全到达你生命的当下——此时、此地。

你能看到任何它们保护你免受痛苦（如沮丧、失望、匮乏、恐惧等）的方式吗？

心：在这种模式之下，你能感觉到任何对爱、安全感和支持的缺乏吗？以何种方式？你能体会第一次感到这种痛苦时的感觉吗？

你能让自己注意到任何痛苦，而不试图把它最大化或最小化吗？你能通过深呼吸、感觉你内心的勇气而让你的**心**灵保持开放和脆弱吗？

你能感谢保护者所做的一切吗？你能原谅它那些过时的模式不再为你服务吗？

你能想象拥抱它的感觉吗？继续吧！

突破性提问

如果我是自己的内在保护者，我需要听到什么来帮助我放松，放下我的防御，平和下来？

如果是世界上最睿智的人设计了这个痛苦作为对我生命的唤醒，那么他们想要我给自己什么样的爱、安全感和支持呢？

第 4 章

临　在

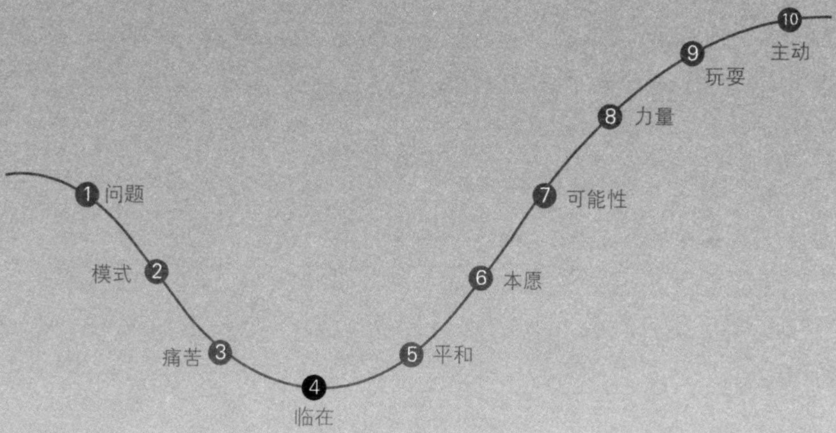

我们持续突破所需要的所有的爱、支持和保护，都时刻在每个人身边恭候着。它们存在于我们的周围和内在。正如爱因斯坦的 $E=mc^2$ 所解答的那样，所有物质都以能量的形式存在。构成我们的能量和构成星星的能量是完全相同的。通过重新连接到这个能量场，我们可以感觉到它内部深处的力量和温暖，就像10亿颗太阳在燃烧。当我们醒悟到这种**临在**时，我们意识到自己的真实本性与宇宙是同一的。这种认识与超自然或宗教巫术毫无关系。这个现实就是，我们是由构成宇宙的同一能量构成的。它存在于我们周围的每一个粒子中，并维持着我们的生命。通过选择与它重新连接，向它开启，我们就真正地、完全地变得自由了。

纵观历史，圣人、诗人和哲学家都试图通过达致“开悟”来帮助我们感受（并成为）这种**临在**。我们开启，从感觉孤独到感觉自己是丰富多彩的生活的一部分；从感觉分离到感觉连接。许多伟大的智慧传统——中国的道家、印度的瑜伽和吠檀多、禅宗的打坐和参禅、藏传佛教及其曼陀罗、苏菲的诗歌和舞蹈、犹太教的卡巴拉、印第安土著的谚语和仪式——已经开发出了许多技巧和工具来帮助我们开启并体验这种临在。

这种临在的最强大的主观体验之一就是“爱”。这种激情、这种连接、这种灵感是所有创造力的核心。爱可以简单地理解为，当我们回到自己一度认为与之分离的宇宙故乡的时候所感受到的吸引、连接的力量。然而，不要把我的话当作规定性的。如果临在予你凡人感觉，例如自然、乐趣、力量、自由、沙特奇阿南达（satchitananda，梵语：存在、意识、觉知、极喜之意）、涅槃、狂欢或神圣之火（或其他任何一种东西），那么这就是你的真相。重要的是你觉得它支持你并确保你的情绪安全。

要临在于这种创造和疗愈之爱，我们必须醒悟到自己是宇宙中独一无二又不可分割之部分的这一真实本质。当我们感觉与所有事物和所有人相连接时，我们就能开始体验到宇宙原生的临在一直在支持着我们，那么，无论是我们自己的模式还是社会的模式，没有什么是大到不能突破的。所有那些自我破坏的模式都已经时机成熟可以重新布线了，因为保护者不再需要保护我们免受过去之苦。在我们感到连接而非孤单之前，我们总会感到“分离焦虑”的痛苦，因而坚持借用模式来加以抵御。虽然我们不能跳入时间机器去改变我们的历史，但却可以改变我们内在对它的感觉。我们可以在自己感觉匮乏之处（在那里我们经历痛苦）倾注爱——那份当我们处于临在时源源不断的爱。

暴风雨中心的我

正如我们所知，婴儿期对我们所有人来说都是关键时期（参见第3章第69页）。在最初的几年里，让婴幼的我们确信自己很安全至关重要。一种深层的安全感和连接感能够永远地陪伴我们，为我们提供有利于自己盛放的整个人生框架。然而，无论我们的父母多么竭力周全地帮助我们感到安全，在某些时候，我们仍会感受到分离焦虑的体验，以及其所带来的恐惧、分离和孤独的情绪。之前，我和妈妈，和爸爸，和每个人都是一体的。然后，突然之间，我们只是一个"我"了。这是一种失落于恩宠的痛苦，但却是人的必要组成部分。神话学家约瑟夫·坎贝尔（Joseph Campbell）认为，《圣经》中关于人的堕落这一概念是对这种分离意识的一种隐喻。[1] 我们被赶出了温馨共聚的伊甸园，现在不得不在这世上走自己的路了。

自从清早闹钟、室友或宝宝把我们弄醒的那一刻起，我们就开始听到"我"在说：

- 我累了。
- 我饿了。
- 我欲火中烧。
- 我今天不想去上班。

这种自我对话听起来就像是来自于一个“我”。这是我们所有痛苦的暴风雨中心的“我”。一旦我们相信了那个“我”，我们就会把自己跟其他所有人和事分开。很快，我们感到孤独、害怕、失望。我们觉得缺少些什么：食物、爱、拥抱、关注、支持，等等。这种匮乏就是我们痛苦的核心所在。

- 那我呢？
- 我要怎么摆脱它？
- 为什么没有人赞赏我？
- 为什么我得不到那个酷的东西？
- 我怎么了？

这个“我”被匮乏消耗着。然后，保护者试图通过控制、操纵和统治我们的环境来发展出应对它的模式。

很明显，我们一直都有听到自我对话，用所有这些“我……”的句子闲扯。只不过它并不是我们的全部。是的，“我”与“你”是不同的，但我们仍然是连接的，因为我们是同一宇宙（或多元宇宙）的一部分。如果我们对这个**小我**信以为真，就会加剧恐惧、限制自由，并堵塞创造力。它被称为“小”有两个理由：首先，面对生活中巨大的挑战，它常常感到无力和渺小；其次，与我们巨大丰富的潜力相比，它关于我们是谁以及我们是什么的观念是狭隘而受限的。

“我”和“所有非我的东西”的分离，由哲学家勒奈·笛卡尔（René Descartes）正式提出并使之闻名于世。在一次试图为人类的所有知识找到某种坚实而不随时间改变之基础的可敬使命中，他观察到了他的自我对话。于是他惊呼：“我思故我在！”如果我存在于我的头脑中——这似乎是真的，因为我一直听到所有这些聊天——那么我一定存在于现实中。这一理论后来成了所有“真实”科学的基础，它需要一个分离的“我”来“客观地”研究的一个分离断连的物理世界——“它”，或者是一个分离断连的社会——“它们”。

现在科学家们把自然看作一个机械钟。在研究台球相互反弹、硅芯片处理二进制代码时，这种观点非常有效。然而，当理解复杂的、适应性的、非线性系统（即我们人类）是如何运作时，它的效果就不那么好了。当我们相信一切都是机器（机械的世界观）时，它变得相当令人沉醉，因为如果我们知道时钟是如何工作的，那么当然我们就可以预测并控制一切。保护者喜欢这种说法！这个关于权力和控制自然界混乱的故事，奴役了很多人。

现在，我们大多数人都不会停下来想一下这个“小我”是否并非故事的全部（甚或是一种幻觉）。我们把它看作科学的一个硬性事实，即使我们暗中怀疑自己不仅仅是一个由计算机似的大脑所指挥的发条装置。一旦我们认为自己充其量只是个“小我”，我们就注定了要受苦。当我们把世界分成“我”和“非我”（其中有些我想要，有些我真的不喜欢）的时候，麻烦就开始了。“我”总是渴望一些东西，而尽量避免其他的。这就增强了我们整个的模式形成与痛苦保护系统。这些无尽的欲望和恐惧会造成压力，一次又一次地把我们抛入生存之旅。悲剧的是，外部的任何东西都无法弥补内在的匮乏。

当分离的感觉源于我们内在时，无论多少名气或财富、巧克力或性，都不能使我们感到连接。

这种深沉而揪心的分离感，被冠以一种我们只是一个“小我”的错觉，产生了我们许多人感到的那种深深的匮乏感，而所有的模式存在正是保护我们免受其苦。

这些痛苦并不只限于我们自身。一旦我们认为自己与自然是分离的，就会开始以一种既不共情甚至也不聪明的方式来对待它。信奉与自然连接之故事的部落会尊重自然。亚马孙的华欧拉尼猎人可能会为了食物而杀死动物，但每个人都明白这是来自宇宙的礼物而尊重动物。因此，猎人们尽量不滥用任何一次杀戮。另一方面，西方故事的核心是分离的，所以我们在利用环境时并没有多少的连接。在《圣经》(创世记）中，上帝说：“使他们管理海里的鱼、空中的鸟、地上的牲畜和全地，并地上所爬的一切昆虫。”

有了分离，就有了控制和支配。这不仅导致了我们自己的痛苦，也导致了数以百万计的人、动物和植物的痛苦。

吹一下头脑

任何一个在某天回到家后意识到自己并不记得旅途中大部分事情的人都明白，“小我”并不是我们所接触到的全部。事实上，即使是在你从这一章开始读到这里的这几分钟里，你的头脑也可能已经走神了好几次——你甚至都不知道。我们的身心每分钟都会到白日梦境游走好几次。我们的大脑大约有30%的时间花在了“外出游走”上，但是我们很少注意到，因为大脑会自动地把我们意识中的空隙填补上，给我们一种具体、恒定的“我”的感觉。然而，这个“我”既不是本质的，也不是永恒的，而是由不可思议的精神魔术所幻生的。

分离要人命

分离不仅仅是情绪上的苦楚。孤独也会对我们的身体健康造成长期持续的伤害。不花很多时间与他人相处的老年人，患抑郁症、心脏病或过早死亡的风险更高。在一项研究中，那些与生活联系更紧密的人有12%过早死亡，相较之下，被归类为“高度孤立”的人的过早死亡则高达22%。[3] 另一项研究表明，与他人断开联系比肥胖、吸烟和高血压更有害健康。[4] 在动物研究中，被母亲遗弃的幼崽会永久性地对危险敏感。在它们的大脑里，可观察到注意力和兴奋的神经递质的活动狂乱。如果这种情况持续下去，它们就会进入终生的应激反应，在生存之旅中往复轮回直至死亡。

研究表明，涉及社会关系的神经通路与那些对痛苦和快乐作出反应的神经通路，在前扣带皮层和脑岛周围绞合在一起。社交孤立会对大脑造成深度的伤害。[5]

看起来，一组相当独立的大脑区域一起工作创造了这种假象或错觉：我们是一个“我”，一个单独的“小我”。从数十亿细胞不断流入脑海的模糊、旋涡般的信号中，产生了一种稳定的自我感。这似乎是发生在脑岛和前额皮质周围的区域（参见第23页），它持续地观察着我们所秉持的信念和表现的行为，并将它们编织成一个连贯的故事，成为我们的个性。[2] 如果我们改变信念或行为，它就会相应地调整自我感。因此，“小我”似乎起到了一个至关重要的功能：它帮助我们在生活的混乱中度过足够长的时间，以便把我们的基因传递给下一代（我们希望）。

尽管“小我”可能有利于我们生存，但可悲的是，它也阻止了我们的盛放。如果我们想摆脱恐惧、享受持久的平和，就必须超越它。1971年，科学家和宇航员埃德加·米切尔（Edgar Mitchell）离开“阿波罗14号”宇宙飞船，开始登陆月球表面。他是第六位踏上月球的人。在回程中，他第一次置身太空地看到了地球，这个经历改变了他的人生轨迹：“在这三天回地球的旅程中，我所经历的无异于一种压倒一切的宇宙性的连接……一种合一的狂喜。”他突破了自己“小我”的边界，体验到了“**大我**”。伟大之处在于它是开放的和辽阔的，同时它也帮助我们从以自我为中心的担忧中升华并对整体负责。

当体验到这种合一时，我们意识到自己不是有限的、渺小的、分离的，而是惊艳的、宏大的、雄伟的。

被这种体验所鼓舞，米切尔创立了IONS，一个智库和研究所，致力于超越“小我”的意识领域的尖端科学研究。尽管他目睹了我们大多数人永远没法看到的景象，但我们中的许多人迟早都会经历这样的时刻，体验到我们与之共处的宇宙的这份临在感，或许是当你在荒芜的海滩上凝望大海或顺着小径登上山顶时；也许是当你抱着一个刚出生的婴儿或思考着优雅的物理定律时；可能发生在当你在一个拥挤的舞池中碰撞旋转或在一场演唱会或比赛中与一群人一起挥舞双手时；也可能发生在恋人之间极为亲密或看到一幅罗斯科（Rothko）的画作时［像康定斯基（Kandinsky）和其他许多人一样，他创造了给我们带来这种体验的艺术作品］。

这到底是谁的自由意志？

在 20 世纪 80 年代，本杰明·里贝特（Benjamin Libet）用出色的实验暴风般颠覆了对意识的研究。科学家们要求测试对象自行选择移动他们的手，并同时记录他们的大脑活动。里贝特发现，在测试对象想到“我现在要移动我的手指”之前，大脑就开始逐步准备激发了。这个提前期可以高达三分之二秒。那么谁（或什么）在发号指令呢？[6]

这些实验似乎对笛卡尔的观点提出了怀疑（见第 100 页）。我们所认为的“自由意志”不见得必定是“小我”的意志。

与宇宙**重新连接**的临在体验，可能是激烈而炙热的，一种狂喜……或者是宁静而简单的，一种空无……或者是介于两者之间的任何一切。临在，可以是一种如印度教中印度大地般狂暴之赤红（有着势不可当的众神庙，一体性的所有不同面相），如中国道家/佛法中朦胧河流般梦幻之幽蓝（有着古老的妙不可言的“道”的见识），如英格兰和新英格兰起伏丘陵般茂盛之翠绿［以及绿脸（the Green Man）遗产］，或者是如美国西部漠土般沙砾之暗黄（还有它的印第安土著精神）。

在与我们所处的宇宙重新连接的这些时刻，我们瞥见了“正常”现实面纱后面的那个害羞的新娘——一体性。感知之门大开，我们看到世界的无限［套用奥尔德斯·赫胥黎（Aldous Huxley）的话，正是他的话给了吉姆·莫里森（Jim Morrison）灵感，把自己的乐队叫作“大门乐队（the Doors）”］。我们感受到宇宙这份原始、有创造力的临在，意识到对我们来说有某种比“我（me），我自己（myself），和我（I）”更多更大的存在，广袤得多的存在。随着我们对这一体验的深入探究，我们意识到……我们是这个，我们是那个，我们是一体，我们是许多。但最重要的是，我们是宇宙的一部分。

即便是路边开着花的一株耐寒杂草，或是夏天阵雨中洒落在我们脸上的雨水，也足以给我们带来一种所有事物互相之间深刻联系的奇妙感觉。它不必是任何更神秘的东西。单只是感受太阳照耀着一朵花，想象光子撞击视网膜并在我们内部形成图像，就足以使我们清醒地认识到生命——我们是其中的一部分——疯狂复杂的相互作用。好吧，要体验这种临在之奇妙，在一个阳光明媚的周日下午的伊比沙岛的一个迷人露台上随着节拍起舞，比在一个阴湿寒冷的冬日早上等待一辆6点的公共汽车，可能要容易得多……但这是可以做到的。不是非要去果阿、伊比沙岛，或者秘鲁才能体验它(尽管那些地方都很令人震撼)，你可以在自家客厅或床上很容易地重新连接。

我知道佛陀为何悲欣交集

不久前，我去了一次印度的果阿，作为工作度假待了几个星期。白天，我在开发一种工具，让这星球上最边缘化的人能够用上教练技术并得到赋能。晚上，我会胡言乱语、冥想以及整体放松恢复平静。一天晚上，我参加了一个疗愈仪式，它全然地唤醒了我内在的临在。

在仪式开始的一个小时内，我的“小我”就逐渐淡化到背景中，我自己体验到了“大我”。我无念，而又念及一切！我是自然。我是宇宙。我是大地和海洋、阴和阳，以及所有一切。我开始同时又哭又笑，在“小我”和“大我”的边界，被生活中固设的喜悦和痛苦所撞击着，开启，关闭。这不是任何传统意义上的体验到上帝。我只是醒悟到“一切都是相互连接的，我们都是合一的”这一现实。我一直预感到这一点，但有了这次体验，它不再只是一种理论或直觉。它成了一种直接的、可感知的、活生生的经历，并在我身上开始具化。生活从此再也不会一样了。

有自爱始终支持着我，我不再感到害怕或孤独（尽管当我遇到恐惧和压力而关闭时，这种习惯性的感觉会回来）。

我感到的是一个受欢迎和被珍视的整体的部分。通过“大我”的庇护，我得以疗愈许多最深的童年创伤，并改变了许多最具破坏性的习惯。我像有魔力在流动，而我的创造力爆发了。这本书、共创此书的公司、我的婚姻，以及对开启式亲子养育的承诺，都从我与临在的重新连接中向我涌来。

我相信，实际上我们所有人对此都是有直觉的。它可能被埋得很深，以致变得几乎无法察觉……但它仍然在那里。如果你已经陷入现代生活的惯常旋流，你可能认识不到它；如果你从来没有接触过神秘诗歌或智慧导师，你可能不知道怎么表达它；如果你爱上了科学的现实主义，你甚至会把它当作胡说八道而避之唯恐不及。然而，直到你重新连接到某种比你所是的更大的存在，或者甚至比你“小我”所思考的还要更大的存在——哪怕用任何适合你的隐喻或技巧——你都无法完全自由，因为那种背景“分离焦虑”将一直在那里。

进入内在——找到我们真正是谁，才是最重要的。“人呐，认识你自己！”——正如古希腊格言所言（镌刻于德尔菲的阿波罗神庙）。我们体验临在与放开痛苦所需要的一切，都在我们内在。我们重新连接宇宙所需要的一切，都在我们内在，因为组成我们身心固有的每个原子、分子和细胞都已然并且始终是连接着的——因为它们是宇宙的一部分。临在已然存在于我们的内在；我们就是临在。只是“小我”的分离世界观主导了我们大部分的体验，并将继续主导下去，直到我们开启为止。

狂喜和空无

和朋友一通大笑、一堂瑜伽课或一次冥想、一段放松的舞蹈或者一阵狗吠声，都足以让我们回到与我们自己、周围的人和大自然的重新连接。科学甚至给了这样的体验一个标签——处在“心流”中。“**心流状态**”可以发生在任何人身上。一直备受推崇的法国足球运动员利利安·图拉姆（Lilian Thuram）在一次世界杯半决赛中踢进了两球，但他声称自己对整件事没有任何记忆。他的教练说他处于一种“神秘的状态”。一个队友走到他面前说：“发生了什么？你是谁？”图拉姆在一次采访中说：“当时我不知道我是谁，也不知道我在哪里。”[7] 心理学家采访了数百名运动员、艺术家和科学家，他们中有许多人都曾经有过这种自我感、时间感和空间感消退的经历。其实不然，他们是完全被当下此刻的流动——心流所消融了。

击昏大脑让事物流动

攀岩、玩电游、演奏乐器，它们都能导致科学上可观察到的心流状态。大脑慢下来，到达一种类似做梦时所具有的状态。大量的血清素和多巴胺充斥着身心。前额皮层——我们评估选项、作出判断、抑制情绪的所在——变得不活跃，这也是许多“小我”的想法产生的地方。随着它的回旋，我们开始感到更安全、更能冒险，因而更有创造力。[8]

在一项研究中，给一组测试对象出一个不可能的脑筋急转弯题，即“九点难题”。基于多年的研究，人们预计该组测试对象中没有人会解出这个难题。结果证明确实如此。然后，对一些人采用了一种叫作经颅直流电刺激（tDCS）的技术。简单来说就是，对他们大脑的前部——前额皮层所在区域进行电击（当然是以完全安全和非侵害性的方式），这人为地抑制了他们的前额皮层。在这种状态下再让他们做“九点难题”，这次他们有40%的人成功破解了这个难题，而且速度很快！当我们把“小我”以及所有它的那些丧气的言论抛开时，可能性便是不可思议的！[9]

很多人报告说，当他们重新连接时会感到“狂喜”。希腊语“ekstasis”是“ecstasy（狂喜）”一词的词根，意思是“出神”或“惊奇”。它通常是指当我们完全放下头**脑**时（而经常是进入了我们内**心**）的体验。在许多文化中，这种狂喜是生活中一个正常部分。苏菲派通过在向真主祈祷时极速旋转达到这种境界（小孩子们也喜欢玩旋转来跳出脑袋）。哥伦比亚的萨满人则通过喝死藤水来达致这种状态。

有一种狂喜的相似物，一种镜像反照，被称为“空无”（梵语的sunyata）。佛陀教导说，当我们意识到我们所有的思想、信念、渴望和条件反应都是不具任何终极实相的空无时，这就是开悟的体验。禅师们通过坐禅——打坐禅修，达到这种境界。[日语词zen（禅）来源于zazen（坐禅），即中国所称的“禅”。]

不管是否处在心流状态——动于狂喜，抑或静于空无，我们并没有得到任何我们不曾拥有的东西。事实上恰恰相反，我们回到了本自具足的合一的天性本质。

偶尔，保护者会休息一会儿而放松对我们的保护。我们不再被局限在“小我”的围墙内，可以自由地超越限制。当我跳舞时，经常有这种体验。一旦我停止评估、计划以及试图变得好看（我的“小我”的所有特征），我就会迷失在舞动中，新的形状和形式出现了。我变成了舞蹈而不是舞者。同样的事情发生于我在舞台上做演讲或者培训时，我没有计划或准备的东西会冒出来；一旦我为自己的举动或言谈感到骄傲时，那个创造性流动的时刻就会被打破。

我为人人，人人为我

我在剑桥的论文深入研究了关于合一、流动和狂喜体验的神经生物学的最早探索。当我们开始体验到自己和其他一切事物都是相互连接、合一的时候，我们的顶叶的活动大大减少了。[10,11]令人好奇的是，顶叶是作比较的大师：

- 对与错
- 痛苦与快乐
- 上与下
- 我与其他人
- 好与坏
- 价值与罪恶

精神宇航员及盛放宇航员的工具？

致幻剂是类似迷幻药、神奇蘑菇、摇头丸、克他命或死藤水这样的物质。因为它们往往给人们带来一种内在“神”临的体验，所以被称为“烯神”。我既不推荐也不谴责烯神，因为每个人都需要学习如何凭直觉知道对他们来说什么是对的（我们将在第 9 章第 245 页对直觉洞察力作更深入的探讨），而不是依赖别人的规则或教条。据我的经验所知，烯神可能有时能够指明路线和目的地；但是，只有深入的内在工作——不用化学物质，我们才能随心如意地到达那里（而且化学物质会对我们的身心造成损害）。

这些物质现在正受到主流医学和生物界的广泛关注。一项重要研究声称，致幻剂不会导致成瘾或长期的精神问题。事实上，“在一些情况下，致幻剂的使用可以减轻精神健康问题”。[12]精神病学家、成瘾研究人员，尤其是制药公司，对此的兴趣越来越大。其中一些物质可能有助于从严重或“无法治疗”的抑郁症、酗酒和海洛因成瘾中迅速恢复。[13]

一旦作这样类似的比较，我们就自动将世界分成了两个（或更多）部分。我们强迫自己离开任何一体性的感觉，进入所谓的**二元性**。如果我们感觉与自己正在做的事情是分开的，我们就不能处于流动状态。一旦我认为自己是“对的”，那么自然就有某个其他人，在某个地方，必须是“错的”。这可能会一时感觉很好，但遗憾的是，我不再处于合一了。

当我们想要比任何其他人更好、更快、更富有、更聪明或更性感时，一体性就不可能存在。当亚当和夏娃在伊甸园里吃苹果的时候发现了“知识”，他们突然意识到自己是“赤裸的”，还有一个相对的叫作“穿衣服的”。随之有了“羞耻”(与“体面”相对)。我们被从以伊甸园为象征的合一的极乐中甩了出去，取而代之得到的是关于比较和二元性的知识。这就是为什么它是如此堕落!

看起来，各人的对立面似乎是不同的，但钻研更深入一点，我们发现对立面实际上是一个连续统一体的两极。例如，热和冷似乎是相对的，但它们统一是温度，只是度数不同。我们可以取任意的特性，为它定义一个数轴并建立由两个极端组成的两极。关系可被分解为充满激情对冷漠，已婚对离婚；事业可分解成成功对失败。然而，它们均由一种东西所组成，是我们作比较的大脑硬把它拆开了。

当我们掉入作比较的陷阱时，我们就被甩出了连接而进入分离。这并不是说我们应该停止注意和享受区别。它只是意味着我们可以超越它们，进入合一。当我们践行一切都是合一之意识时，比较、判断和批判的重要性就小了许多。“小我”融入“大我”，我们既可以是独立的个体，同时一切又都是连接在一起的。这是多样性的合一。合一中有多样性。二元性消解了，只留下一种东西，**非二元性**。这样，我们可以是一个做很多事情的“小我”——由一个感觉自己是所有之部分的“大我”所驱动。

如果你想回到伊甸园，比如你周日下午坐在家里，或在等凌晨5点起飞的低价航班可以做到，那么你必须放下比较。然后就不会再有“好”或“坏”的体验、“友善的”或“卑鄙的”人，或者是“我”或“你”。有的只是**合一**。苏菲派诗人鲁米（Rumi，美国最受欢迎的诗人，在他著作800年之后）提醒我们：“当你看到合一的壮丽时，对二元性那看似刺激可爱的诱惑力，就再也提不起什么兴趣了。”

我们是“小我”，也是“大我”。我们是所有一切。我、你和佛陀是合一的。

“大U”

大多数的智慧传统都有惊人的相似之处，尽管它们已经出现了几千年，相隔数千英里。奥尔德斯·赫胥黎（Aldous Huxley）把它们所共有的一组信念称为“永恒哲学（长青哲学）”。他的研究（以及随后的诸多研究）表明，“我们都是相互连接的”这一思想出现在世界上的每个地区。[14]尽管每一个**智慧传统**的语言、语气和隐喻都是独特的，其存在的核心却唱出了美妙的合一之歌。从道家到瑜伽再到萨满，它们共有两个根本真理：

1. 世界并非我们想象的那样。是的，它看起来都是分离和不连贯的，但实际上却以许多看得透或看不透的方式连接在一起。它的本质可以从各种不同的表观中被瞥见，比如爱、真理和创造力。

2. 我们超越我们所看起来的样子。我们不仅仅是我们的

模式或我们的痛苦，我们实际上是合一的一部分。这种临在的体验即是开悟、觉悟、顿悟（日本禅宗）、禅定（三昧）、明心见性、极乐，或其他任何表示这种狂喜或空无的术语。那个“小我”被“吹熄了”——“涅槃”的字面解释。

注意，这里不涉及神和女神、负罪感和忏悔，以及顺从和愤怒。不需要唱颂歌或做供奉。你不必买水晶、加入某个教派，或穿什么奇装异服（尽管这样做可以很有趣）。事实上，我们不需要给自己贴任何标签。我们只是对互相连接的生命本质有所醒悟的人，并尽可能地活出这种状态。每当我们被一个问题卡住、发现一个旧模式，或者感觉想要释放什么痛苦时，我们就开启进入临在并突破。我们所要做的就是出离我们的头**脑**——它通常是执着于分离的“小我”，然后进入我们的**手**和**心**灵，在那里我们与宇宙的其他部分重新连接。

“大我”与神没有任何关系（如果我们认为神是某种比我们更伟大或更好的个体的话）。合一不是一个有形有名的神，尽管把它想象成佛陀、自然或婆罗门，对帮助持有相关概念的人们开启，还是既好玩又有强大作用的。这个我们是其中部分的“合一”就是“一切”所是，一个完全世俗（非宗教）的想法，甚至适用于无神论者。科幻作家菲利普·K.迪克（Philip K Dick）将其称为“一个庞大的活生生的智性系统”。带着一种明显的半开玩笑的讽刺，他还称它为“斑马”。我喜欢把它叫作**大宇宙**，或**“大 U”**。你可以把“大U”想象成一个形而上学的现实（也就是说，你真的相信它在物理上都是连接在一起的)，或者你可以简单地认为它是一种隐喻性的体验（或者说一种强大的诗歌形式)。哪一种都可以开启通往爱的大门，这对于创造力的完全发挥是至关重要的。

即使是铁杆无神论的哲学家，通常喜欢直言不讳地嘲笑任何使用“S”词（灵性的）的人，也已经开始转而接受一体、合一的必然逻辑（尽管他们为它起了一个自然是别致的学术名称：泛灵论)。加伦·斯特劳森（Galen Strawson)，一位专业哲学家，也是泛灵论的主要支持者，他推理道：如果宇宙中的每一个具体现象都是绝对物理的（即由物质组成)，并且意识是存在的（我们似乎都同意它确实存在)，那么意识也一定存在于物质中。它不能凭空而来。它必须以某种方式存在于构成宇宙的原子、分子和细胞中。[15]

这意味着，大宇宙中的每一个物质都必定具备某种意识的能力或潜力。这包括狗、鹅卵石、操场和咖啡杯。它们都与临在相连。笛卡尔把世界分成思质和事质（精神和物质）是错误的。它们是合一的，是同一回事。“粗略地说，这个世界上的物质是精神的思质（世界是精神的)。”世界著名的天体物理学家阿瑟·爱丁顿（Arthur Eddington）说道。[16]而退到先于笛卡尔、斯特劳森和爱丁顿之前几千年，在印度的菩提树下开悟的佛陀曾教导说，一切都是由精神组成的。这都是一种东西。精神和物质是一体的。随着宇宙的膨胀，一样事物演变成越来越复杂和精妙的多样事物，比如人类的身心、核反应堆，以及泰特或古根海姆的艺术。如果我们想要盛放的话，我们就必须与这种复杂性保持适应、契合并步调一致。

我们所生活的宇宙，是以令人惊异的创造力为特征的。然而，星星和我们的三明治都是由一种东西组成的。即使我们在实验室里做“客观”的科学研究，也会影响我们所研究的事物，因为我们与它们是相互连接的。对象会根据用以测量它们的工具类型的不同，来改变它们的表现方式。科学家们恰恰被牵涉到他们正在研究的东西里。

一个电子，既可以波也可以粒子的形式存在（波粒二象性）。事实上，在任何时刻它是处于一种两者兼有（或都不是）被称为“叠加”的奇怪现象中。只有当我们用一种测量仪器观察电子时，它才会变成波或粒子。这完全取决于所选的仪器。这就是所谓的“互补性原理”。这一脑洞大开的想法，直接来自物理学的前沿，即使是专业的科学家也仍然很难理解。在最受尊重的科学杂志之一——《自然》(*Nature*)的一篇文章中，约翰·霍普金斯大学的一位物理学教授写道：“宇宙是非物质的——思想的和精神的（也作“精神的和灵性的”)。生活并享受吧。”[17]

物理学和古代智慧传统说的都是同样的事：一切都是连接的。被一分为二并朝两个不同方向发送的粒子，仍然以某种方式连接在一起。如果一个翻转为正，另一个也会成正。即便没有任何可见的联系，它们似乎也知道另一个是哪一个。即使相隔几英里，没有任何明显的机械关联，它们也能像这样“纠缠”在一起。因为它们有着明显的非定域联系，这被称为“非定域性”效应。爱因斯坦绝妙地称其为“鬼魅似的超距作用”。一项研究中，在加纳利群岛相隔 89 英里远的两个岛屿之间，粒子在没有经由其间中介的物理空间的情况下，被有效地“瞬息远距传动”了。[18]

科学家们现在发现，这些离奇的量子过程——以前被认为只能在极端寒冷、无菌的实验室条件下才能观察到，实际上可以在温暖的温度条件下和有机材料里面发生！科学地说，我们的大脑、基因、细胞受体和神经递质中的原子，与宇宙的所有其他部分都在一个“量子汤”里 7×24 小时地连接在一起。量子过程已在叶绿素——植物中利用太阳能并将其转化为养分的色素细胞——中发现。没有叶绿素，地球上就不会有动物生命。叶绿素将光能转化为食物能量，而且它的转化效率极高。这被认为是由于量子效应所致。

同样地，这种幽灵般鬼魅的作用可能会帮助我们理解三磷酸腺苷——人类身体的基本能量分子，是如何得以如此之快地产生的，这是让科学家们迄今仍然感到困惑难解的。量子过程也可以解释我们如何用只有 100 种左右的气味受体区分 10 亿种不同的气味。这意味着，就是现在——当你读到这里时，你整个身心的原子可能正在访问非本域（即不在你身心的范围内）的信息。甚至可能有来自“大 U”的洞见顿悟和想法主意进入你的身心。我的直觉是，这是真正的创造力背后的部分来历。

人类社会，以及人类的本性，也是完全相互连接的。尽管我们看起来是独立的个人或国家，但我们都通过货币、产品、垃圾、银行系统、税收、全球品牌和信息等网络系统，与其他所有人有着内在联系。埃及食品价格的飙升影响到住在爱丁堡的人们。纽约的信贷紧缩影响到新几内亚的人们。

在这样一个不久几乎每一个产品（也许每一个个体）都将连接到互联网上的全球化世界里，“一个拥有边境和护照的国家”这整个想法正变得荒唐。

发生在一个人身上的事情影响我们所有人、所有方面。我们人类一直在和“大U”跳舞，即使我们并不自知。

什么是开悟？

“小我”想让我们沉迷于“我”能得到或避免什么。我们可以让它继续做它的事情，与此同时我们可以接入“大我”从一个互连之地尽情地活出自己。练习如何从“小我”的固念执着切换到“大我”的拓展开阔，这是盛放的基本功。

从其所在宇宙剧场的座位来看，“小我”的视野是受限制的。它凝视着宇宙，却只捕捉到全部的惊鸿一瞥。即使当我们重新连接，并通过“大我”的透镜透视世界的时候，我们也无法用我们的意识头脑完全理解这种无限的无限性。虽然我们可以用“合一”“心灵”“道”这样的词语来描述它，但概念本身永远不能完全描述事物。它们只是文字，显然是受限的。其深广将始终带着一点神秘感，而此等神秘性正是神秘主义者所在意并热衷的。

我们所能做的就是，体验这种神秘，惊奇于它，惊叹于它……然后尽我们所能地按照它无情的逻辑——根本的合一、共情和慈悲——去生活。这就是开悟的真正含义：尽可能多地带着爱、真理和创造力去生活。我们所需要的一切就在我们的身心之内本自具足，等待着我们的到来并找到它——不管通过什么所选路径。我们所有人的内在都有这样一个庇护所，一个临在、中正、平和的地方。我们可以通过重新连接我们的**心**来练习到达这个内在**定静点**。只有如此，我们才能开始突破、爆发，进入盛放的状态。

找到你连接到临在的定静点

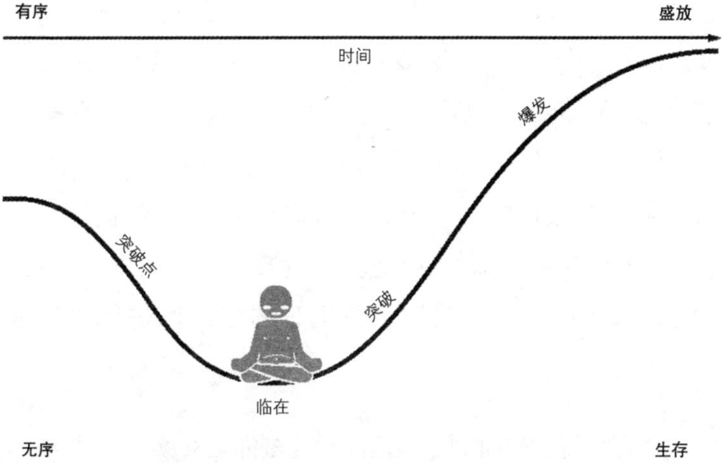

大多数智慧传统都提供技术，能够帮助我们连接到这个“合一”的无量之网。我把它们称为**重新连接的实修**，因为它们帮助我们与本已连接的宇宙重新连接。有些传统，如内观禅修或禁欲主义的基督教道途，建议隐退一段时间去到内在并连接。其他的如密宗性爱、箭术、插花、狂喜的入神舞或是传思舞蹈，以及呼吸，则教导我们全身心地投入生活以寻求喜悦。有些比如传统的佛教形式，建议需用多年的实修来充分开启，渐悟见性。其他的如禅宗，说我们可以顿悟。然而，我相信它们都有共同的核心精髓，就是重新打开一度阻塞住的与“大 U”的连接。

有件事让很多人感到紧张，就是有这么个认为：我们必须以某种方式摧毁我们的自我——“小我”，才能重新连接和正确体验“大 U”。即使我们能消除它（其实我们并不能），这也意味着我们将不再能够在现实世界中运作。这意味着不再有令人兴奋的项目、巧克力布朗尼蛋糕或甜蜜的性爱。作为一个人，我享受这些东西。这个“小我”很灿烂，它让我们能够生活。然而，如果我们认为这就是我们的全部，那我们则毫无必要地限制了自己。我们会被自己的个性所束缚，而无法活出潜力。通过内心深处的开启，我们把“小我”的担忧吹熄（即便这只持续几秒钟），并回到“大我”的定静点上。当“小我”放松时，内在的保护者也就放松了。

在每个特定的时刻，包括此时此刻你正阅读

这本书

的时刻，都是开启并与临在重新连接的机会。

许多智慧传统，尤其是佛学的法门，告诉我们：一旦我们开启，留下的只是虚无、空无、虚空……

然而，对于许多喜欢诸如《地心引力》《外星人》《星球大战》这类太空旅行故事的人来说，虚无的概念可以是相当可怕的。我们看到有多少人被从空气中吸进了宇宙的虚空中？那些让我们害怕的东西，触发了保护者采取行动来保护“小我”免受攻击。接下来发生的事情是可以预料的。我们进入禁闭状态，抵制合一的体验，也推开了它的诸多好处。因此，对虚空的痴迷有点像是一种注意力的转移。中国古代禅宗大师神会（Shen Hui，禅宗六祖惠能晚期弟子，菏泽宗的创始者）说，对开悟（开启）的人来说，虚空不再是虚空。[19]虚空的所在，就是临在。中国人称之为“道”。印度教徒称之为“婆罗门”。卡巴拉犹太人称之为“无限”。与宇宙虚空的寂灭遥相对应的，正是真实。我们发现我们就是一切。我们是“大我”、是“大U”，最重要的是，我们是无极限的。

静心冥想的神奇

冥想是一种重新连接的流行方法，尽管每个人的冥想各不相同——因为没有两个人拥有相同的身心。没有一种唯一的方法，也没有所谓正确的方法。大多数的冥想形式鼓励“小我”少担心、少思考、少说话，尽管它们可以通过或住念空无，或制心某处，或只是允许此刻当下临在此地（即正念的方法）来做到这一点。最近（且颇有争议）的冥想研究表明，冥想可以帮助我们克服紧张和焦虑，还能提高长期的思考能力。当我们冥想时，我们舒缓神经系统，防止压力荷尔蒙比如睾丸激素、皮质醇和肾上腺素等肆意地注入血液中。一项研究表明，冥想可以减少几乎50%因卒中或心脏骤停而致死的概率。[20]

冥想也被证明可以重塑大脑。它会扩大前额皮层的关键部位，尤其是帮助抑制冲动的部位。高阶冥想者可以通过有意识地增加前扣带皮层的活动来减少他们的痛苦体验。[21]冥想甚至还可以减少杏仁体周围灰质——储存痛苦记忆的地方。只是两周网上授课的慈悲冥想，就能使参与者变得更加关爱。一项研究发现，仅少数几次短暂的冥想，就让人们在公共交通上给残疾人让座的可能性提高了3—4倍！[22]

我们都是由循环利用的星尘所组成，暂时形成人类。我们作为看似分离的个体生活在这个世界上，同时也是一种极其复杂的存在之交响乐的一部分。你在遵循哪种智慧传统——如果有的话，或者你是否觉得有一个“一切”或“空无”存在，这不要紧。你是一个无神论者还是佛教徒、一个天主教徒还是怀疑论者（还是某种程度上四者兼有），这并不重要。重要的是，你要向临在开启，找到你内在的、始终可以在那里得到庇护的定静点。正如禅宗大师菩提达摩（Bodhidharma）告诉我们的：“世间愚人，但欲远求圣人，不信慧解之心为圣人也。”[23]

你可以为自己提供源源不断的爱。把爱带入每一个时刻，用它你就能融化痛苦、磨难和不公。感受内心的定静会让你发现任何关于未来的焦虑都在渐渐消失。在你的**手**、**头脑**和**心**灵中体会临在，你会在此时、此地、当下这种纯粹的创造性潜力中复苏鲜活起来，继而你可将这份创造性潜力进行任何你想要的转化……

向临在开启

关闭的：宇宙是一个冷酷、没有意义的地方。我们都是分离和孤独的。我们必须保护自己免受他人伤害，防卫自己免受威胁。在这个宇宙中，极端利己竞争稀缺资源才是生存之道。

开启的：我们都在一个巨大的、无限的、被称为宇宙的能量场中连接在一起。我们都是这个宇宙的孩子，有权利在这里被爱和被欣赏。我们是不同的个体，却在各种意义上都相互依存。在这个世界上，共同创造乃是通向盛放之路。

现在就开启

手：触摸一个物体、一个人或者某个触手可及的东西。握住它，感觉你手指的末端和物体开始的地方。想象能量在手指与物体相遇的交界处的量子运动。

你能在那个间隙处感觉到**临在**吗？

脑：用少于10个词来定义你是谁。这就是你的全部吗？谁决定了你的界限在哪里？还是你比这些词语的组合要多？多多少？

现在想象一下放开所有关于你自己的比较和观念。放下一切二元的想法：对和错、年老的和年轻的、聪明的和愚蠢的，想象一下你所拥有的表达自己的各种可能性。

心：你什么时候感觉最像是在这个地带流动？你什么时候觉得最平静和最连接？什么时候你的自我对话最安静？

当你用你的方式进入定静点时感觉如何？

什么时候你觉得和别人连接最紧密？和自然呢？这种连接、临在、流动的感觉是怎样的？

想象宇宙是一只在你背后的巨大的手。想象你可以向后靠着手掌坐着，让你所有的担忧和顾虑休息一下。现在让你自己坐着并放松，就像冰一样融化在温暖、清澈的水中。享受这个定静点。享受你内在的庇护所。

突破性提问

- 如果我是我一直在等待的人，我接下来会做什么？
- 如果我得到无限量的爱的支持，我现在怎么享受它？

第 5 章

平 和

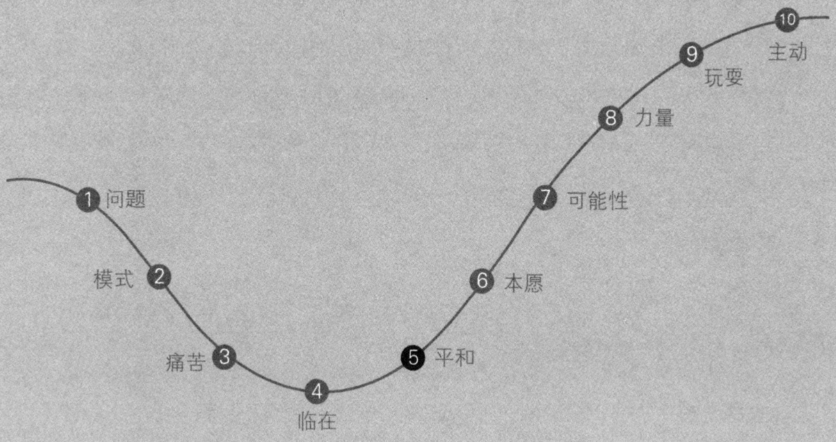

当我们开启时，我们放下了自身旧模式所有的噪声和饥渴。取而代之的，是在我们身心内在形成的一种定静和空灵。在这些时刻，我们的生命可以瞬间转换。没有内在的平和，我们的精力和注意力就会被束缚于不断地把世界推向困境，而不是去寻求如何才能最佳地与之共舞。平和不是一种对良好行为的奖赏，既无法追求，也不能购买。平和是一种当我们放下旧有预设、重新融入始终包围着我们的爱的海洋时，自然涌现的东西。

我经常问客户——无论是创业者、问题少年还是首席高管们——同样的问题："如果你有一根魔法棒，现在就可一挥，你想要更多的什么？"在最初的几次回答，比如金钱、时间和诸如此类的东西之后，大多数团组都选定了一样东西：更多的平和。无论是在中国还是美国的加利福尼亚，都无例外。Shalom（您好、平安，犹太人招呼用语）、Salaam（问安，额手礼，伊斯兰国家常用的问候礼或招呼语）、Shanti（宁静和平，印度教用语）、Paz（和平，西班牙语）、Peace（平和）……都是我们想要更多的。

然而，平和并没有被设计到我们所在的系统中。大多数现代经济体都致力于提高产能和利润。为了实现这些目标，我们奖赏成功，惩罚失败。一个"零和游戏"被编造了出来：我们被告知，如果别人获得更多，我就必然获得更少。文化叙事告诉我们：强者和适者生存。因此，我们在学校和职场竞争，以赢得我们的份额。竞争就是发疯似的比较。通过不断地将自己与别人比较，还有与我们过去所是和将来可以变成等比较，我们给自己的身心制造了巨大的压力。但事情并不是非得如此。

人类学家已经确定了大约40种主要的平和文化。这些社会之间有许多有趣的相似之处，比如马来西亚的舍麦人和墨西哥的萨波特克人。这些文化中的人认为合作比竞争更重要。他们认为竞争是危险的，因为竞争会滋生攻击甚至侵略。所以他们教孩子们玩耍是为了学，而不是为了赢。男孩们假装在一起合作狩猎，女孩们一起玩构建家庭。他们在藤蔓上荡秋千，跳过瀑布，创造幻想世界。然而，很少有赢家和输家。在有些社会中，没有人记得发生过哪怕一次暴力事件。他们是平和的，因为他们被教导要合作而不是竞争。[1] 想象一下，如果你从未与自己或任何其他人的期望竞争过，那将会是什么样子，还有……

通过变比较为慈悲、变竞争为协作、变分离为团结，我们即可享平和于无为而免痛苦于妄为。

总开关

平和是一种内在的平静，能让我们渡过哪怕是最严重的危机。通过所需无论多少次不懈的重新连接，找到我们内在的定静点，我们就可以避免被压垮，并抓住突破的机会。没有与临在的连接，就会有太多的东西要害怕：孤独、失望、被抛弃。我们的身心太紧绷，我们的观念太死板，我们的想法太墨守成规。然而，当我们知道如何获得平和时，就没有什么能打断我们。当我们让光芒四射的、洪荒之力的爱穿透我们的时候，没有什么得以接近。没有什么能抵抗突破。

想象你的身心内部，锚定于你的**心**并通过你的**脑**延伸至你的**手**指尖，有一个巨大的开关——像安装在剧院后台随时可以开关整个舞台供电的断路器。这个总开关可以在两种截然不同的体验世界的方式之间切换。

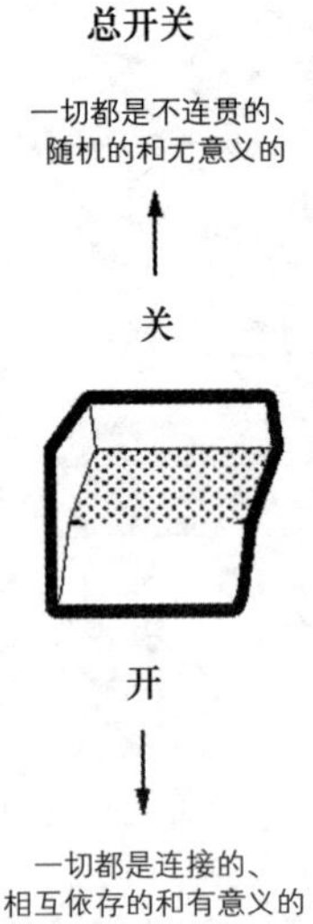

你醒着的每一分钟都可以在这两种状态之间作出选择。

没有人能在任何绝对意义上决定

性地证明开启还是关闭才是正确的。没有任何教授、父母或导师能确定地告诉你，哪个是“正确的”或“错误的”。永远不会有人能做到。你必须自己作出选择，也许一天很多次！

现在，你是开启的还是关闭的？

这确实是一个二元决定。尽管我们可能会认为自己与现在的伴侣相遇是缘分注定，而第二天摔断腿则纯属不幸，但这两种说法不能同时为真。要么你生活中的所有经历都具有赋能意义，要么都没有。这个世界要么有意义，要么毫无意义。宇宙中的点，要么是接合在一起的，要么是随机混乱的。如果你曾经想过在你的生活中有一件事——一次邂逅、一个遭遇、一次幸运的意外——是“注定要发生的”，那么，从某种意义上来说，发生在你身上的每件事都必定是“命中注定的”，即使它可能如地狱般痛苦。

你所经历的每一个问题都可以在你的内在代谢成有价值的东西，就像我们将食物代谢成能量一样。我们只需愿意开启。

达观坚韧的越南老兵

总有一种方法可以让一份经历更赋能于人，而不必与现实去抗争。在越战期间，许多美国战俘受到酷刑、羞辱和毒打。在一项研究中，那些在经历中找到一种方法来抓住某种意义的人——从生活的被动受害者切换为积极的共创者——

过后能更好地重新振作。他们找到了方法将这些经历糅合到他们的生活故事中，并由此变得更智慧、更感恩、对未来更加乐观。[2]

在另一项对750名前越南战俘的研究中，最大限度地避免了创伤后应激障碍和抑郁症的，是那些利用这种经历变得更加积极乐观、无私利他和自我赋能的士兵。[3]

当我们主有所遇到的每一个问题，并把它带到我们的内在转换成某种有意义的事物时，我们就盛放了。因为我们与“大U”相连接的这份体会*，任何**抗拒**、任何痛苦都可以被释放。在身心之釜里，我们可以在细胞和神经元中化约束为创造力、化模式为新的超能力。而把釜加热并使之保持流动的正是爱。这是一场连接战胜分离、疗愈战胜创伤的凯旋。它是与世界——一个不断演变成更加复杂形式的，不断挑战我们随顺其流的世界——的完全融合。

这是开启之轮刚刚上路之地、开启之路真实计数之时。以下是一些从耗能切换到赋能的例子：

你正在和爱侣吵架。他们让你头痛欲裂，这触发了你关于他们是如此这般的故事……

---

* 体会（felt sense），聚焦疗法中专指一种体觉意感的领会。——译者注

开启

体验内在的平和，你会找到一种创造性的方式来回应他们，即尊重他们的模式和痛苦。当你知道他们处于痛苦之中，当你找到一种方法触及他们，那一刻就变成了一种对他们独特性的完全欣赏，问他们如果……

你正在照镜子。呀！你觉得自己太瘦或太胖，证明你是……

开启

体验内在的平和，你呼吸并放开所有的自我对话。分辨出真实的你——本质上你是“大我”美丽的一部分，而非由其所变成的这个载有惯常模式的“小我”。你决定通过这样来滋养自己……

你嫉妒同事的成功，因为他们总是得到……

开启

体验内在的平和，你尊重他们的能力和投入，把他们框定为一个能帮助你聚焦于你的决心的榜样。你承认自己缺乏行动，并承诺……

你可能会发现自己在说：“等等！当然，你是可以把这些事情转变成某种赋能的东西，给世界带来更多爱、信任和创造力。但我的问题要严重得多，而且……”好吧，我听见了。我知道你在说什么。我也这样挣扎了好几年（而且仍然时不时地陷入那个故事中）。这恰恰是你必须把对自己的体验超越“小我”扩展到“大我”的原因。只有这种连接足够深入，才能克服我们所讲述的关于我们自己的、让我们成为受害者的、害怕的、不被爱的“大魔法师汉堡”故事。只有当我们在痛苦中找到某种意义、某种智慧时，我们才能得到平和。这是让我们获得自由的根本。

开启并不意味着忽视或否认痛苦。恰恰相反，我们充分接纳每一种体验，真实地感受它，而不是被它搞晕、反抗或压制它。我们找到一种方法，在其中找到一种赋能性的意义。任何你有压力的时候，都是进入内在并开启的绝佳机会。在杂货店里可能不太方便，但在白天（或晚上）总会有机会花几分钟潜入你的体验之湖，带回一两颗珍珠。是的，偶尔那里可能会有黑暗，但你有内在的光明来照亮道路。如果你有种尊重你的痛苦、主有它并探索它，你总能找到一种方法来为你自己和世界，与之共创一些有价值的东西。

我发现自己会在晚上做很多内在工作。如果有内在工作要做，我最智慧的那部分不会让我睡觉。所以，如果我陷入了某件事情、焦虑、紧张或心情不佳，我知道自己已经到时机准备迎接突破了。突破的门户就是痛苦本身。我们的阴暗面召唤我们去关注，提供平和作为对连接临在的交换。在东方的传统中，莲花是这种交换的普遍象征，这也是为什么它被装饰在了这个地球上几乎所有的冥想书籍和瑜伽中心。美丽的莲花在阴暗脏污的沼泽中盛放，正如我们的解脱孕育于我们自己内在被藏得最深的地方。一旦我们于内在找到庇护，我们所遭受的，并与之争斗的问题就会转而让我们得到释放。

经由每一次体验找到一个赋能的方法可能并不容易，但却是可以做到的。相比无意义的、最轻松的人生，有意义的、最艰难的人生更为盛放充盈。

幸运的是，我们内在有一个绝妙的助手，可以帮助我们处理痛苦，并在任何情况下找到平和。

连接者渐入

实际上，几乎地球上所有的传统文化中，都有一种做内在工作的方法。它涉及一个开启了的人——一个男性或女性的药师或智者，帮助其部落成员疗愈。这种人的一个常见名称是萨满。我相信我们内在都有一个萨满。我称它内在萨满、连接者。当代关于复原力的研究表明，我们内在都有这种驱使我们变得更加慷慨、慈悲、智慧和完整的力量（一名主要研究人员称其为“灵性”）。[4] 一旦我们找到了庇护所或定静点，连接者就会出来帮助我们找到平和。印第安土著萨满祭司布莱克·埃尔克（Black Elk）说：“首度平和——也是最为重要的——是当人们意识到自身与宇宙之间的关系、合一时会出现在他们的灵魂里的……这个中心真的无处不在，也在我们每个人的内在。”[5]

保护者的工作是守护你免受威胁，而连接者的作用是帮助你前进、疗愈和成长。保护者只是防御你不想要的东西；连接者则是孜孜不倦地帮助你创造你确实想要的东西：好的、高尚的和真实的东西。只要我们保持打开与“大 U”连接，我们的内在萨满似乎具备最适当的力量和最恰当的技能，来处理我们所面临的问题并予以突破。

你的内在萨满正等着支持你就任何问题找到平和。

你可以通过任何形式的**重连实践**唤醒你的连接者。大多数情况下**心**和**手**的运用跟**脑**一样多，所以它们不容易用纸面文字来言传教授，需要经由体验、练习、感觉，然后具化。我建议你去探索一些不同的形式和传统，以发掘那些能帮助你找到平和、本愿和力量的方式。你可以在 www.niceandready.com 上查阅这些按字母顺序排列的实践方法。我已经为客户、个人和团体开发了一种重连实践，它融合了正念、冥想、催眠、呼吸、舞蹈，以及音乐的情绪力量（还有更多）等元素。你也可以在该网址上找到视频和音频。

值得一提的是，一定要找到一种能与你的**心**、慈悲、爱相连接的实践方法，而不仅仅是一个教你如何静止思想、平静头**脑**的方法。正念冥想最近已经成为主流，它非常棒。然而，如果不是在深入头**脑**的同时同样深入你的内**心**，它只可以用来提高生产力却缺乏共情、提升利润而并不服务人类。

除非你有意识地用内在工作去寻求连接和疗愈你的**心**灵，否则保护者仍然会忙于防御、控制或操纵的活动。你知道自己是否真的有和“大 U”连接在一起，因为届时你的痛苦会融化，你会自发地想要传播爱。

当你体验到与整个宇宙的合一时，别人的痛苦会触动你，激励你采取行动。就像脚趾被绊了一下时你会伸手去揉揉它一样，你会想让所有痛苦中的人或事都有所改变。我们将在第10章（参见第265页）中再来讨论这个关于服务世界的冲动。记住，对他人困境的无动于衷——无论是朋友还是仇敌的，都来自于保护者而不是连接者。

不管你用什么方式重新连接，只要你去做了，你大脑中那个将你的“小我”和“大我”进行比较的部分会减少其活动。[6] 随着“小我”判断/判决/批评的声音平静下来，你可以接入经由连接“大我”而来的许多其他可能性。保护者淡出，连接者接管，就像DJ混音器上的交叉渐变器一样。两者之间的平衡即处于混合之中正是目标所在。至于交叉渐变器所处的最佳位置，由你根据现场浮现气氛随时改变。

自我的交叉渐变器

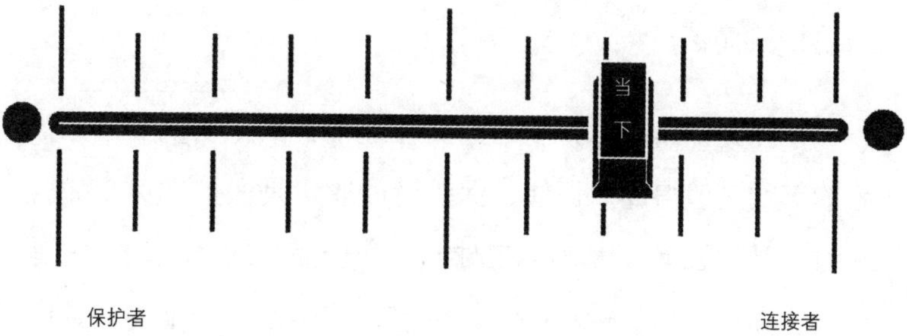

就像为了躲避开阔丛林的食肉动物而穿过波光粼粼的瀑布寻找一个安全的洞穴，我们总是可以步入内在找到平和。

即使你每天只花 5 分钟闭上眼睛让连接者扫描你的身心，看是否有可以释放的痛苦，也能对你的智慧和健康产生巨大的影响。与其担心你是否“做得对”、聚焦于一个单词或试图完全止息某些念头，不如允许自己从广播模式切换到接收模式——从你所连接的“大 U”接收。

实时地疗愈创伤

重连实践帮助我们应对痛苦的情绪，而不用惊慌失措。这是因为，爱会胜过恐惧，真理会压倒泄气的故事，创造力则强过习惯。在疗愈过程中，投入强烈的赋能情绪是关键。如果是最强烈的泄气情绪——一般用“痛苦”这个词来概括——在驱使我们去创造模式，那么我们可能要用更强大、更振奋人心的情绪来化解它们，这样似乎更合乎逻辑。我们可以用爱、真理和创造力充盈我们的身心，这样我们就能感到足够的安全、保障、连接，先去感受痛苦，然后释放痛苦。

在你允许自己体验内心的痛苦之前，预先安抚一下保护者的需要是值得的。记住，保护者的职责是保护你免受痛苦和对痛苦的恐惧。因此，在对你的安全完全放心之前，它是不会让你接近真正行动的。告诉它，这样做是安全的并且你拥有它的支持。告诉它，如果痛苦太多你会给它一些空间来恢复（如果需要的话，寻求专业人士的帮助）。告诉它，你已准备好放下痛苦，并就此请求它的帮助。把保护者当作一个值得信赖的盟友来对待，它就会让你更容易放开锁定痛苦的焦虑。你甚至可以问它对转变是否有任何的顾虑——它很可能会有一些。看看你是否能通过满足它的需要来消除它的疑虑。记住：保护者真的是想要做对你最好的事情，只是它对如何实现持一些过时的理念。如果你卡住了，向连接者寻求帮助来使保护者安全。

一旦保护者准备好不关闭而去感受痛苦，就会重新连接到临在。你可以在积极的冥想中，或者在专心散步、跑步或瑜伽课上，或者在一个狂喜舞蹈课上尽情蹦跳时，进行自我疗愈。你甚至可以在做爱的时候进行（尽管我不会推荐它，除非你们都清楚计划了什么，都开启了，并热切渴望在全然的信任和亲密中体验）。改变你的生活没有所谓对或错的地方。任何你觉得足够安全可以做内在工作的地方都是很棒的，前提是在社交上是恰当的并对他人是尊重的。如果有什么东西令你觉得有点“不对劲”，那就停止这个过程，另择一个更合适的时间重来。

当你感到痛苦起来的时候，放下它！无论是被抛弃、羞辱、拒绝、羞愧还是恐惧，让它在宇宙之爱的沐浴中消失，就像热水澡抚摸着你劳累的肌肉和疲惫的头脑。同样，温暖的合一之光也能让你放松、修复和焕然一新。之前，你可能感受到这份痛苦，从来未见天日一般，一直被深深压入你的阴暗面。所以，在你采取行动改变之前，做好允许痛苦存在的准备。给自己一些时间去悲伤、哭泣、愤怒，或者任何想要被听到的回应。

你有什么在孩童时期感到不安全而不敢表达的情绪，现在是时候允许自己释放它们了。

即使你不想就此逗留数小时，因为那只会加强内在的条件制约，并再次强化记忆。你也不想就此被纠缠住，绕一圈又回到原地。但也别急，否则你可能会妨碍自己真切地感受痛苦。如果你不去感受它，你就不能释放它。如果你压制痛苦，它就会留在体内。这可能需要好多次、经过好几个月，直到你把所有能哭的都哭尽了为止。

有一些形式的塑身运动可以帮助你加速神经元的释放。运动、跳舞或抖动也很有帮助。我发现的最有力的方法是“生物动力学颅骶疗法”（我很幸运地与这方面的一位神奇疗愈师结为伉俪）。它能真正帮助清除细胞层面上的旧模式。

在任何时候，如果你内在的保护者说“呃，我还没准备好释放它呢”，试着问它需要什么才能感觉安全。如果保护者还是没有准备好，那就把内在工作推迟到你觉得更有资源和更安全的时候，或者寻求专业的医疗或心理帮助。如果你发现痛苦太多或太强烈，试着加深你的连接（也许是借助更深的呼吸、更多的运动或者抖动）。如果这样不起作用，放下所有的想法等几天后再回来。不过要小心，你可能会忍不住“忘记”回来，或者突然变得很忙。这正是保护者在尽最大努力避免痛苦。让你的连接者帮你一起给保护者更多一点的安全感，当你直觉上感到合适时，再约定时间做进一步的内在工作。

记忆重组研究

各种研究表明，储存在杏仁体中的强烈记忆可以被彻底改变。记忆在被触发后的大约10分钟的短时间内变得不稳定。那些习惯于害怕刺激，或者被训练得对某种东西上瘾的老鼠，已经有了与它们的行为相联系的、被能改变神经元反应的化学物质所干扰的记忆。这被称为“重新巩固”。在人类身上，那10分钟内的干预似乎也会产生积极的影响。似乎每次我们激活记忆时，就有机会以某种方式疗愈它，降低与之相联系的困难情绪的强度，从而减轻它们对我们健康的深度影响。[7-8]

这样的疗愈不能靠强制来实现。强制会激化保护者。你不能用意志力让自己疗愈，对于阻止你变得完整的东西你只能选择放下。我将其称为“挠痒痒理论”。如果你想让某人（包括你自己）永久地转变，那么去挠他远比推他更有效。推逼会激发抵抗（贿赂或要求也会）。在人们进行疗愈时搔挠他们，他们就会动、会笑。疗愈只会在柔软、温和以及慈悲中发生。只要是真正地出于爱，严厉的爱也是有价值的，它是用坚定而明确的口吻让人真切地感受到慈悲。但不会有人需要更多的攻击或痛苦。

随着时间的推移，如果你持续做内在工作——持续处理被生命中一系列丰富的问题不断地触发的痛苦——你将学会信任连接者帮助你找到对的人、疗愈师、朋友和社团，以滋养你的驱动力去盛放。

虽然我们大多数人都有一大堆“东西”可以放下，但转变我们的内在风景不必是严肃而可怕的。转变甚至可以是令人振奋、刺激、快活的。是的，这可能意味着会突然地哭上几天，或者情绪像坐过山车一样。但那不就是生命的意义——全然而充分地活着与感受吗？记住，即使它什么时候变得太多了，也有很多有经验的专业人士可以帮助你渡过难关，支持你的疗愈之旅。

你的内在连接者是位萨满专家，旨在帮助你疗愈。事情可能会一时变得激烈，但只要你学会如何回到爱、连接和临在，就不会持续太久。你的定静点就是你的庇护所，并始终恭候！当你有宇宙在背后支持，没有什么痛苦是不能忍受和不能释放的。这并不是说专业帮助就没有价值、不值得，甚至有时候就不太重要了（特别是当你感觉自己陷在苦恼中有很长一段时间）。然而，永远不要忘记这是你的生活、你的身心、你的痛苦。你内在有潜力去转变。专业人士会经常运用新的框架和新的技术，其帮助和好处是不可思议的。但它们只是工具，是连接者在全方位地做工作。

徜徉在喜悦洪流中！

通过定期的练习，无论你从盛放之旅的哪里开始，你都有可能掌握自我疗愈的内置能力。你可以利用在特定的某天碰巧发现的任何压力或恐惧，作为燃料来更多地释放以进入平和。有人在课堂上骂你吗？花点时间开启，找到它触及的痛处，用爱来实时疗愈。因不能按时完成一个项目而难受？开启，找到原始的恐惧，把它融化在“一切都好”的连接里。

当你放下痛苦（及其相联系的恐惧记忆）时，你可能会经历一场囤积情绪的重大释放。出现歇斯底里似的发作、咳嗽、喘息、哽咽或眼泪汪汪的哭泣等情况并不罕见。有些人会发热流汗，有些人发冷畏寒，有些人头晕目眩。这往往是疗愈过程的一部分。如果感觉很严重的话，则应寻求医疗或心理专业人士的支持。

当一个重大的信念或习惯从我们的系统中释放出来时，尤其是如果它已经逗留了一段时间，我们的“小我”会变得有点扭曲错乱。这是正常的，也是意料之中的。尽管有时这种感觉可能会令人不快，但却表明，这些旧的、被压抑的情绪背后的能量正在流动。如果你能承受，便将“它”随着呼吸呼出；如果你想要抖动或运动，跟随这种**直觉**；如果你想停就停下来，总会另有时间；如果你觉得有帮助，就从关心你的人那里寻求一些指导、疗法或支持；跟你的医生做些咨询；痛快地冲个淋浴或跳场舞；多做一些冥想。而最为重要的是，要以慈悲心对待自己，明白只要有勇气、好奇心和信念，任何事都是可以转变的。

随着身心释放出囤积的情绪，它对特定的时刻所可能带来的事物会变得越来越开放。随着痛苦的大释放，我们通常会体验到清明的、新鲜的能量从上面、下面、后面向我们涌来。每当我们准备好打开，宇宙也已经准备好把我们爱起来了。我称这种涌动为“**喜悦洪流**”。这和你在舞池里可能有的那种快感很像，但更纯净。它可能包括释放催产素，以及爆发迷走神经的一系列活动。我感觉这可能就是所谓的昆达里尼升起的体验——它是一种古老的瑜伽现象，当我们意识到这个与之一体的宇宙充满爱意的现实时，一个（隐喻性的）女神或一条熟睡的灵蛇从我们脊柱的底部被唤醒并爬升。不管是不是昆达里尼，当我们开启并倒出一些反应性的痛苦，并代之以焕活性的平和时，这种源自我们**被疗愈的心**，进而贯穿我们的**脑**和**手**的纯粹喜悦的体验就会被点燃。

都爱起来吧

研究已经开始显示，心脏——长期以来一直被认为只是一个单纯的生物泵——作为一种感觉和思维系统是多么强大。一些人认为心脏——估计有 4 万个神经元，是一个“小脑袋”。心脏实际上可以感知、学习和记忆，将信号向上发送到脑岛以触发行为。心脏也释放催产素，使我们更容易信任、忠诚和乐于助人（尽管它也可能在增强大脑社交层面的痛苦记忆方面发挥作用）。[9]

催产素，通常被称为“爱”或“亲密荷尔蒙”，其实就是为了帮助我们连接。它在母亲们的哺乳期以及父母们搂抱孩子的时候释放。当我们坠入爱河（或单纯地想到我们爱的人）时，它也会充满整个身体。被照顾和被拥抱都会释放催产素。快速按摩也会。甚至登录 Facebook 也会提升它，就像跳舞和瑜伽一样。[10]催产素可以降低血压、平衡体温、抑制焦虑、降低应激激素水平，以及促进伤口和淤伤的愈合。它使我们更乐于社交、养育、慈善和信任（尽管似乎只限于我们的“团体”中，并不是对每个人）。这就是重连响应在行动。

当你释放痛苦时，原来固着的故事开始消失。当你的整个身心都被爱起来时，催产素和其他激素会帮忙释放恐惧记忆，而不是增强它们，你看世界的框架就变得灵活得多了。你可以开始创造更多的赋能故事，激励自己通过哪怕是最激烈、最具挑战性的问题去盛放。你终于可以体验到世界本来的全部烈度，既不受故事的扭曲，也不受屁话的搅扰。你得到了人类全部的凯旋和悲剧体验，及其所有的荣耀。当它第一次发生时，要承受的可能很多。如果你习惯了某个固执的观念，突然要被全色调的一整套观念所取代，这既是一种解放又是令人敬畏的。

当我们的头脑不再是一个固定观点的奴隶时，它们就解放了。自由就是平和；平和就是解放。

你可能会感到空间开放了，在这里你可以自由地转变自己过去的体验，把它重塑为一种意义的源泉，而不是痛苦或遗憾的根源。如果你这样做了，也会有一个释怀去宽恕别人，特别是那些在你的旧故事中已被你认定是卑鄙或恶毒的人。当我们宽恕别人的时候，我们就放弃了成为受害者。我们把自己从受害者的故事中解脱出来，这些故事总是会让我们丧失力量。当我们认定是他们“让”我们不开心的时候，我们便收回了原本由我们赋予他们的力量。这并不意味着你必须纵容他们的行为，而只是说你明白他们也是深受痛苦驱动的有缺陷的人。受伤之人伤人。宽恕让每个人从没有出路的陷阱中解脱出来。

如果我们感觉到自己足够强大，感觉到自己背后的“大我”，我们甚至可以为自己在冲突中不当之处（如果有的话）而向他们道歉，还可以为自己让他们在我们的故事中扮演反派主角而道歉。这样的道歉跟道德上的正确或错误无关，它不过是打开了两分钟前还不存在的共同创造的可能性。只要一个简单的、优雅的……

是我的错，对不起！

……就可做到。

开释入平和中

任何痛苦、任何信念、任何预设，都可以通过放下而开释入平和中。当我们开启的时候，我们可以让其在流经我们的爱的洪流中消融和流逝。我们越是经常地重新连接，就越能释放更多的痛苦。信任开始在我们和宇宙之间形成。“小我”学会了它可以放松到“大我”中并获得自由。现在我们可以开始放下任何我们对宇宙以及对生命本身可能持有的根本性失望。

我们本就是宇宙的一部分。如果我们不能完全信任宇宙，那么我们就无法信任自己。如果我们不能信任自己，也就无法信任宇宙。直到厘清这种关系的屁话故事之前，我们不会感到全然的平和。在许多方面，穿越突破曲线的整个旅程是一个不断加深这种信任的过程。信任是创造力的润滑剂。

要信任生命，我们必须找到一种方法与任何一切和平共处，无论此刻当下的

是

什么……即使是在一个理想的世界里我们可能不会选择的。我们必须找到一种方法用

是的！

来取代“哦！不！”——保护者的抗议。

幸运的是，连接者可以对所有一切都说是。它可以对所有一切已然的和一切本然的都说是。

通过说“是”，你向自己的身心发出你接受它的信号——相信它、**诚服**于它。现在就试试吧。想一件让你烦恼的事情，一件你或其他人做过的事情，一件让你感觉到一种强烈的恼怒、沮丧、害怕或愚蠢的事情。现在，对它说“是的！”并观察你的身心有什么变化。深呼吸，然后不断说“是的！”直到你开释入平和中，或者发现一个可以通过内在工作而受益的痛苦区域。

现在是用到我们天生的智慧的时候了。在“是的!”之后说:

“并且……”

创新精神的神奇魔法现在开始了。说“并且……”是允许你接受本来所是并适应、弹韧、转换、调整、迭代，以及创新它变成未来可以成为的样子。这就像和舞伴跳舞，为了让你俩一起流动，无论你有多么不喜欢，你都不能加以评判。如果你评判，就会使他们关闭，你将失去那种共流。相反，你必须和他们一起携手，指导、引领、逗乐、鼓励他们进入你所喜爱的风格、节奏和步调。这份“是的！并且……”是所有演员即兴创作训练的教学核心。这是每位音乐家在受干扰时必须学会的东西。跟随所“是”，用你的智慧，把它塑造成你想要的样子。

现在就试一下。就用那件让你气愤或沮丧的事情，对它说:“是的！并且……”看看你的身心在“并且”之后出现了什么。

说“是的！并且……”并不意味着我们非得认同世界所是的方式，也绝不意味着我们希望它保持不变。只是我们接受了那种所是……“嗯，是的”，带着这种接受，我们可以留意看看未来还可以创造出什么不同的东西来。我们不再浪费精力和努力去抵抗，无论是内在的还是外在的。相反，我们接受这一时刻的**所是**，因为它本来如是。然后我们可以利用所有的精力去探寻，并给生活带来新的可能性，它可以给我们的下一刻带来更多的爱、真相和创造力。“是的!”给我们带来我们所需的平和，让我们的模式进入爱。“并且……”则激励连接者投入到创造能让我们更有盛放能力的东西的工作中。

纳尔逊·曼德拉（Nelson Mandela）和圣雄甘地（Mahatma Gandhi）都在改变世界的志业中践行了“是的！并且……”这一哲学。甘地是 *ahimsa*（非暴力哲学，梵语）的主要支持者。他拒绝抗击英国人的暴力占领这一“所是”。他并没有通过压制它或对它作出反应去否认已然所是的现实，而是接受了它，同时把自己投身于其人民的解放中，并将之作为其存在的核心。他相信非暴力是这个世界上最强大的力量，是解锁创造性精神的钥匙。他把平和视为进入世界施爱的开始。这就是“是的！并且……”的本质。平和完完全全地、自然地转换成爱，点燃创造力。平和是创造力的要素。

在一个类似的顿悟中，纳尔逊·曼德拉意识到，如果他想让南非过渡到和平，他必须将自己从正义的斗士转变为协作的政治家。要做到这一点，他必须接受，白人——包括他主要的南非白人压迫者，必须成为未来国家的一部分。在他能考虑“并且……”之前，他必须对它和对过去说：“是的！”在他能给他的人民带来更多的和平与繁荣之前，他必须驯服自己汹涌的痛苦之水。

他向他 27 年的牢狱生涯开启，将其重塑为一种巨大的赋能来源：“如果我没有进监狱，那么我不可能完成我人生最艰巨的任务，那就是改变我自己。”[11] 有了一颗宁静的**心**，他脑中就有了他所需要的引导这个国家从少数人统治转变为多数人统治的洞见。在一个极具影响力的时刻，他在国家电视台上向 F. W. 德·克勒克（F. W. De clerk）总统伸出手，在一片饱受战争蹂躏的土地上明确地展示了兄弟情谊。

换句话说，平和并不是我们旅程的终点。它是我们获得全部创造力的前提条件，而无须在模式上（及其在他人身上引发的反应上）浪费宝贵的时间和精力。

通过辛勤地回收存储在我们痛苦-模式晶体中的所有能量，我们可以拿它来为我们自己和我们的人民创造一个繁荣盛放的世界。针刺移除，围墙瓦解，我们开启并去探索新的可能性领域。

突破门面

大诚服

“小我”通常认为它比生活聪明。毕竟，它花费了大部分时间在保护着我们的安全。然而，我们怎么可能比一个创造了数百万种物种的宇宙更聪明呢？每个物种都适应了它们的特定生存环境，并且都能在这个星球上繁衍。虽然我们可能认为我们可以控制生活，但现实中总是生活处在驾驶席。因此，我们关于真正平和的唯一希望就是诚服于宇宙的智慧，即便我们还无法理解它。我们无法以自己身处其中的低微地位，去分析这个复杂的、自适应的“大U”系统中交响乐般的广袤活动。所以我们都必须选择是与之抗争、抵制、对宇宙生气，还是以一个大的“是的！并且……”诚服于它，如此我们可以开始与它一起共同创造。

“Islam（伊斯兰教）”这个词起源于阿拉伯语aslama，意思是服从或臣服。一天5次，虔诚的穆斯林在臣服宣言中有意识地向他们的真主敞开**心**扉。宣称上帝已死的哲学家弗里德里希·尼采（Friedrich Nietzsche）倡导了它的一个世俗版本。他将其称为“amor fati”或“热爱命运”。他说：“对于人类的伟大，我言简意赅地说就是热爱命运；一个人不要除此之外的其他东西……不仅要忍受必然性……而要热爱它。”[12]这就是诚服的意思。这就是随顺其流的意思。我们不对抗“所是”。我们放下了“小我”关于应该发生什么和我们应该得到什么的固执意见。我们找到了一些方法去接受“本然所是”，并从中找到某种意义或爱。如果我们还没有学会爱我们的命运，就会把痛苦和模式带到我们的未来，限制我们的创造力。

如果你真的想在每一个挑战中成长，并致力于拥有一个完全充赋盛放的生活，你就必须学会如何放下所有让你卡住的事情。每当你觉得自己想要责备、羞辱或抱怨时，那是因为你的“小我”正固着于某件事并认为那个“已然所是”应该有所不同。是时候放下了。

每一个遗憾都是一个让我们放弃又一个关于可以/应该/本该发生什么的故事的机会。

这就是为什么突破之路——从开悟中活出来，并不是一件轻松的事。我经常听到人们说像嬉皮士一样隐退一定很容易。然而，真正的智慧道路、开启之路是极具挑战性的，因为我们必须保持诚服。无处可逃，无可隐藏。故事、预设、习惯、“高尚的谎言”，全部逐渐消退了，只留下我们裸露在“所是”中。一旦我们看到了真相，每一刻都变成了一种选择：是生活在恐惧和反应中……还是放开一切，找到一种方法以平和心态面对每一个体验。

没有屁话的防卫我们能活吗？在变幻莫测的宇宙面前真诚地袒露脆弱，对此刻为我们所储备的一切敞开？

在智慧的道路上，最终我们都必须面对要放下的最根本的东西：我们的生命。死亡向我们所有人致礼。如果我们对此感到焦虑，那么，根据定义，我们就没有完全处于平和状态。虽然谈论死亡并不性感，但它是生命“所是”的一部分。我们不可能拥有一个而没有另一个。这是个一揽子交易。如果你对它感到焦虑，就像我们大多数人一样——如果我们诚实的话，那么这是一个信号，说明我们还有什么抓着不放。我们可以选择：是要开启还是保持关闭？我们可以抛开这些故事、执着和恐惧，或者我们可以随着时间的倒计时继续固执地坚持它。哲学家索伦·克尔凯郭尔（Søren Kierkegaard）说：“谁学会了以正确的方式焦虑，谁就知道了那终极的东西。”[13]我们可以利用我们的恐惧，尤其是对死亡的恐惧，来作为更加诚服的一个开始。

每一个恐惧、忧虑或怀疑的阴影都是一次邀请，让我们开启并忆起我们与宇宙的合一。当我们这样做的时候，势必要放弃一些东西。我们必须放弃“小我”的观点和预设；必须放掉那些高尚的谎言。事实上，开悟的体验经常被称为“小我死亡”。为了使我们享受到合一的平和，我们的“小我”必须不断地“死亡”（或至少从混合中淡出）。这可能会导致很多内在的抗拒，因为保护者最不想要的就是消失！所以，直到我们知道如何让它消除疑虑及确保安全之前，它会一直踢闹尖叫下去。允许我们的“小我”在做爱、冥想或跳舞时优雅地退场几分钟，我们重新连接得越多，它就越愿意与死亡达成协议。

最终，我们能够毫不恐慌地思考死亡。只要我们重新连接并接受“本然所是”，我们就可以持续释放恐惧，并提醒自己“水滴的幸福，就是死在海里”——引自苏菲派的安萨里（al-ghazali）。换句话说，当我们作为个体死亡时，不管是实际意义上的死亡还是通过狂喜体验的死亡，我们都回归到了万物的源头，那个“大U”。我们已经是，也将永远是合一的一部分。我们死后，仍然是其中的一部分。

如果事情变得有点吓人，让你神不守舍，这里有一个简单的重新连接练习可以尝试，这就是基于古老的夏威夷智慧传统的荷欧波诺波诺（Ho'oponopono）*。当你由于一件很难放下的事情而承受极大压力时，重复这些词语两到三次，感受它们的内在含义：

谢谢你！我爱你。
对不起。请原谅。
请帮助我，为我指路。
我准备好了，要怎么服务？

就这样，四行字。现在就试一下，让这些话转变你身心里的能量流，熔解一些痛苦-模式晶体。如果你已经准备好了，思考一下你的死亡……你能放弃你的恐惧和故事吗？你能于临在中、在“大我”中得到安慰吗？

我是这么说的：“是的！我确定无疑地会死去。并且……因此，今天、明天、明年、剩下的时间里我该做些什么才能最大限度地利用这个有意识的、觉醒了的、开启了的生命的不可思议的礼物？”

---

* Ho'oponopono，夏威夷文，意思是“改正”“矫正”，详见《零极限》（*Zeno Limits*）一书。——译者注

向平和开启

关闭的：我们最接近平和的时候是在我们暂时忘却了烦恼或淹没了悲伤时。持久的平和是不可能的，因为总有更多的事情让我们恐惧、更多的突发事件会伤害我们，包括那终极的恐惧——我们的死亡。

开启的：当我们放下痛苦和保护模式时，平和就会出现。当我们加深与临在的连接时，会释放所有恐惧和焦虑。我们越是诚服于“所是”，就越能创造出可能的东西。我们本来就是宇宙固有的一部分，当我们向其诚服时，甚至可以克服对死亡的恐惧。

现在就开启

因为我们开始从我们的核心所在向外开启，现在将三个维度的顺序从**手**、**脑**、**心**转换成**心**、**脑**、**手**。

心：在你的心里想象一下“安全”这个词。允许它把你带到一个感觉安全的地方。

尽可能地放大这些感受。通过想象你爱慕的人、地点和时刻，积极地提升你爱的感觉以及信任和惊奇的感觉。

扫描你的整个身心，寻找痛苦-模式晶体——你感到不安、痛苦、无力或焦虑的区域。选择其中一个，然后将呼吸带入其中。

你能向“大U”寻求帮助吗？你准备好接收它了吗？你能让连接者接管一会儿，帮助你释放进入平和吗？

脑：说出一个你对痛苦的抱怨，然后说：“是的！并且……”并把句子说完整。持续以各种方式说完整个句子，直到你找到一个赋能的、能帮助你盛放的框设。

手：想象你正在让宇宙之爱进入自己的身心。它可能会通过你的脚、太阳神经丛、内脏或头顶进来。

你能允许它进来并让其融化痛苦吗？

突破性提问

- 如果我完全与自己和宇宙连接在一起，我现在会放下什么去拥抱平和呢？
- 如果我是历史上最开悟、最平和的圣人，我愿意放弃哪些不再服务于我的故事？

第 6 章

本　愿

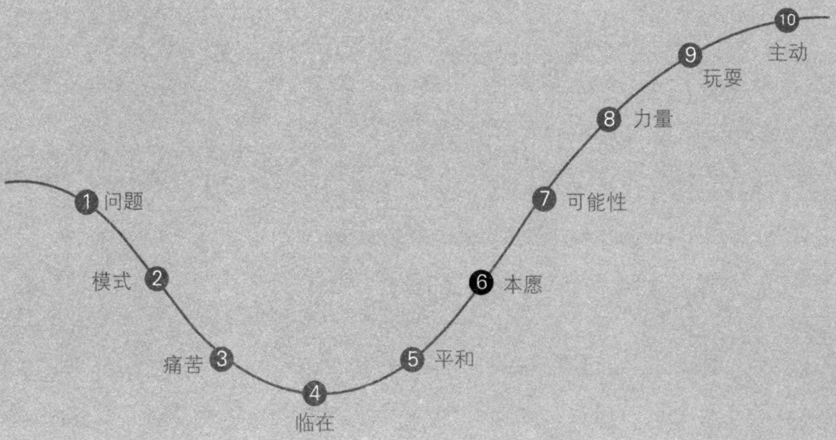

有了连接、好奇和勇气，我们可以把精力导向有意义的事情上，并在勾起痛苦的事情中寻找意义。我们可以集中创造力以建设一个繁盛的未来，而不是把它浪费在维持过去的模式上。我们的指路明灯就是我们的本愿。在发现它之前我们无法盛放；只要每天都与它保持一致，我们就不可能不盛放。每个人都有一个本愿，而且每个人的本愿都有所不同。持久的幸福永远不可能来自于达成目标，不管目标有多么大胆，因为每一个成功的光芒终将褪色——无论是赢得奥运会金牌还是获得奥斯卡金像奖。然而，我们所遇到的每一个问题，却都是一个更多发现自身本愿的机会，带给我们一种把逝去的每一天都照得更加明亮的喜悦。

关于你的一生“应该”做些什么，你可能会有很多想法，甚至有很多担心。你应该保住稳定的工作还是离开去追随向往？你应该现在要孩子还是尽情聚会？你应该在能挣钱的时候赚很多钱还是去周游世界？你应该创建一个非营利组织还是从系统内部改变它？你很容易被这样的提问搞得晕头转向，但如果你想要盛放的话，这些都是错误的提问。

你的本愿与你应该做什么（或不该做什么）无关。这不是关于对或错的问题。这与你父母的想法无关。这与富有、受人尊敬或出名无关。这甚至与你想要或渴望什么无关。相反，你的本愿——一旦从模式中摆脱出来获得自由——是从你的身心清晰地散发出来的。这就是甘地提出的“爱在行动”的思想（参见第 5 章第 147 页）。它是你达到内在平和时的真相。每当你听到自己或别人说“我应该……”或者“我必须……”时，所听到的都是一个痛苦被锁陷其中的故事。疗愈这些痛苦，你就可以自由地与生命之“所是”共同创造一个新的故事，它可以引领你在接下来的日子里盛放。

本愿不是一个宏大、艰险或大胆的目标。相反，它是你每日每时都能活出的生命状态，它把你最大的潜能带到这世界上。它是把你的才智才情与社会所最需要的东西连接起来的黏合剂。本愿是你的心灵与世界的心痛之间的对话。它是你独特天赋与世界最想从你这儿得到的东西之间的桥梁。你不能用你的头脑来揣测它，或者用你的手来强迫它成为非它所是的东西。它也许不是便捷的、赚钱的或安全的。许多你爱的人可能无法理解它。有些可能还会抵制它。然而，谁对它怎么想都不重要。它是你的真相。

不要再说什么“应该”了

你是否已经在迎合或逃离父母的希望或愿望中筋疲力尽了？是否厌倦了用朋友的成功来衡量你的成功？确定不了是关注名誉和财富，还是给社会创造些不同？被媒体编造的所谓美好生活的竞争神话搞晕了？被以你的才干所能给压垮了？对你接下来的幸福会是什么样子没有把握？

助持之力唾手可得。或者不如说，就在你**心**。

为了找到我们的本愿，首先我们必须放弃多年来一直大行其道的所有模式。每当我们问自己“我现在应该做什么？”时，就是在让保护者主有我们的生活。这是一个它喜欢问的问题，因为答案可能会让它确信它是“正确的”，因而我们是安全的。正确、正当是“小我”在拼命地想要在这个不断变化的世界中创建确定性时掉入的陷阱。它争辩说如果找到了“正确”的东西，那么每个人都会喜欢我们、尊重我们以及欣赏我们，因为我们值得。它认为如果搞清楚什么是对的，那么我们就不会再经历失望和不满。

我们对“应该”过什么样生活的期望往往是由匮乏驱动的。这些“应该”在生命早期就开始了。父母自然地想让孩子过上比他们更好的生活。教育、金钱、权力、乐趣、爱……任何他们认为自己缺乏的东西，他们都会催促后代去追求。老师、朋友和媒体也会给我们施加压力让我们前去履行，尽管他们是出于最好的意图。他们的建议中大部分都来自于为抵御自身缺乏而建立的模式。因为年轻和易受影响，我们会担负起这些“应该”，并开始按照他们的规则生活。这些“应该”——旨在抵御没有工作、没有钱财、没有价值的痛苦——变成更多我们垒起的围墙的砖块。然后我们用我们的职业选择、关系选择、生活选择作为证据，证明我们是一个“好人”，或者做了“正确”的事情。

新闻快讯：世界处在不断变化中，从来没有什么绝对正确的选择。这是一种基于主观信仰系统的判断。只有合适的选择、恰当的选择——可以通过持续专注于“所是”来辨别。“我的人生‘应该’做些什么?”不是来自连接者的创造性**探询**，而是一种“保护者”的忧虑。这种情况充满痛苦。但是，若去感知是什么在适应你内在和外在持续发生的剧烈变化，随着时间的推移，你的本愿将会浮现。这是一个对话的过程。如果关于什么是“正确”和“错误”的旧有故事挡在道上，那么你将无法与这种对话保持同步。

我们须与“所是”保持一种生物动力学的、热烈回应的关系，而非我们的“小我”认为的“应该”怎样。

每一颗**疗愈的心**中都驻留着爱的熔炉，本愿就像熔化了的金属一样从中喷涌而出，准备改变世界。现在，在所有那些折腾人的“应该”的废墟上，你迸发出新鲜的洞见和创意，让自己以一种恰如其分的方式充实地生活。

不受“应该”的羁绊，你便可以在此刻自由地、最具创

意地表达自己。

即使你发现了自己的本愿，这也并不意味着你就有了全都罗列在一张 Excel 电子表格上的整洁有序的生活。远非如此。本愿是活的，你无法控制它，你没法周详地计划它的运作方式。你只需感受它，让它从你这里浮现出来，不拘任何模式。你每次开启时所建立的信任，让你可以带着本愿这样生活：一半控制，一半失控——在混乱的边缘。

本愿是当你从保护、恐惧或好斗的状态中解放出来后，你所是的那个人；是未来将你拉入其中，由你过往经历所独特塑造而成。你的本愿是一件你无法失败的事情，只要你不断地与其保持一致，放开任何挡道的屁话。那些模式、那些“应该或必须”的故事会扭曲你的明晰，偏斜你的本愿，让你无法盛放。

寻找我的位置（定位）

在生命的前 30 年里，我没有任何本愿。或者不如说，我有一个（因为我们都有一个），只是不知道那是什么。因此，重大决定都做得迂回曲折，无论是留下或离开医学院，还是保留或关闭我的（不够诚信的）业务。我没有什么坚实可靠的东西来衡量任何事情。就像是弹球机里的一个球，其他每个人的理想则是弹板。所有我“应该”为人生做些什么的竞争性想法制造出如此多的噪声，以致我根本听不到召唤我的本愿微弱的轻语。我知道我一定有一个，但要找到它很艰难。

这让人沮丧、烦恼，并常常令人困惑。这也就意味着我把自身的创造性能量浪费在了那些对我和世界都不恰当的事情上。

我不得不放弃一切去找到它。我放弃了医疗事业（它给了我一时的称赞、社会地位和家庭的尊重），放弃了成为一个百万富翁（即使是纸面上的）——以及企业家名望和财富的诱俘——退出了当时非常成功的一个合创机构。当我完全信服于我们的合一性（并开始在这种认知中生活），我放弃了当时的无神论朋友们和父亲的看重。我放弃了在全球性社会变化“场面”上的那种崇拜，决定与其把我的生命投入到治疗一个混乱的世界的症状上，不如专注于消除其根本的驱动因素——来自分离、匮乏、痛苦的苦楚。

一旦放弃了这一切，我就准备好了与本愿神交。现在，每当我因周围的苦难而心碎时，我的本愿就像一道闪电般射出。在这些时刻，我知道我在这个宇宙中的位置，以及我生来要做的事情。每天我都学习如何用新的更加贴切的方式来表达它。它甚至给了我一个赋能的故事，让我能够把我的经历中所有的那些点滴串联起来：一个被恐吓、肥胖、患抑郁症的孩子，遭受反犹太之苦和在大屠杀中幸存的家族史，有天赋创意的知识分子，实践中磨炼出来的技能，以及我在生活中所积累的丰富经验——痛苦的以及愉快的。这种富含本愿的叙述让我能够一贯地化问题为机遇，进而揭开更多的本愿。

编织新故事

如果说我们所有的旧模式都被供奉在限制自己的故事里，让我们沉迷于责备、羞辱和抱怨，那么我们的本愿就是一个新的故事，它为我们打开了一个可能性的世界。我们放弃的旧故事越多，能揭示的新故事就越多。这个故事将会如何发展无从知晓，我们只是让它在一个连续的生物动力学的相互作用中发生。通过进入本愿开展对话，我们开始编织一个故事，让发生在我们身上的事情变得有意义，以及它如何能对我们（通常也适用于其他人）今天所面临的问题具有意义。这里有两个人们在大问题中找到本愿的例子（这两个我都亲眼见过）：

患了脑瘤给身体带来毁灭性打击……

开启

……成为激励因素：放弃了一个成功的事业并致力于成为智慧导师，把更多的爱和真相带给世界（还促使其写了本书和更多东西）。

一次恐怖炸弹袭击，失去了双腿……

开启

……成为激励因素：辞去了营销方面的工作，成为一个世界和平的支持者（促使其开办一家专注于构建和平的社会性企业）。

没有人能告诉你，你正在编织的新故事是“正确的”还是“错误的”，尤其是你的父母或朋友。这并不意味着他们就不能挑战你，或者在你偏离轨道、偏离本愿时不去给你有益的反馈。但它确实意味着，就如何从你所有的、不管是痛苦的还是愉快的经历中找到意义，终归是你自己的选择，因此你可以有意识地把注意力集中在此时此地。毕竟，只有你才能编织这场由你自己领衔的故事。

在许多神话和电影中，英雄/女英雄踏上寻找特殊物件（如金羊毛或圣杯）的旅程，这象征着寻找本愿。约瑟夫·坎贝尔（Joseph Campbell）在其权威性的神话著作《千面英雄》（*The Hero with a Thousand Faces*）中称这种物件为“恩赐”。在史诗故事中，世界陷入了麻烦。英雄/女英雄必须找到一种“恩赐”，以拯救他/她的人民。世界所缺乏的东西召唤着英雄/女英雄先在其自身内部探索，然后才会得到奖赏。在探索的路上，他/她必须制服龙和怪兽——象征我们的模式，代表我们的阴暗面。当我们以为正在看着英雄/女英雄如何发现方舟或王者之剑时，其实他们正在探知自己的本愿，从而帮助他们改变世界。

即使蚂蚁也有本愿

尽管科学的教条声称世界是一个随机的偶然，但研究复杂生物系统（如蚂蚁和蜜蜂社会、心脏肌肉甚至细菌）的科学家们已经注意到，在它们的运作方式上似乎具有一些潜在的智性和本愿。环境中的某些事件对一群蚂蚁而言有着某种“意义”。它们如何对事件作出回应改变着它们如何良好地适应环境（以及它们是否会茁壮成长）。进化通过（显然地）随机突变和自然选择的盲目力量把我们带到了这里。然而，大多数生物系统中都出现了“本愿”这样的东西。主流科学还无法很好地解释这是怎么发生的。[1]

研究表明，就人类而言，在预示我们的创造能力方面，本愿比金钱、抱负或其他任何因素都更重要。[2] 研究还表明，意义感可以预防智力衰退和老年痴呆，并减轻衰老的影响。[3] 如果我们有一种强烈的意义感——它来自于把我们的本愿带到每一个时刻，我们的应激反应就会舒缓。即使我们不认为自己“快乐”，也会如此。[4]

我们都处在类似这样的“英雄之旅”中。我们面临的每一个问题都是冒险的召唤。我们开启的每一个问题都揭示了我们本愿的另一面。当我们咀嚼问题并在内部消化问题，最终我们会带着恩赐回来。每一个恩赐都是我们人生本愿正在显露的故事中的一个情节。至于如何将所有这些看似随机的点以赋能的、滋养的、充满活力的方式连接起来，激励我们前去行动和冒险，那就取决于我们自己了。

如果你不能说出一个关于你从哪里来、要到哪里去的令人鼓舞的故事，没有人会代劳。

问你自己：

- 你是否，在你父母的故事里扮演着小配角地过你的人生？
- 你是否，在你老师的故事中只扮演一个小角色，顺从地认为你在数学上“差劲”或者只“擅长”体育？
- 你是否，在你可能不完全相信的资本主义的故事中，选择了一个跑龙套的角色？
- 你是否，准备好抛弃任何那些陈词滥调的谎言来打造你自己的故事，即使你无法准确地预测或控制它将如何展开？

如果你有勇气踏上一个又一个英雄之旅，跨上一个又一个突破曲线，你将为自己的人生带来更多本愿。从过去经历的阴霾中，一种强有力的叙述将会显露。我们在这个世界上已经蓬勃发展到了如此程度，可以将发生的问题转化为我们正在显露的故事的新思路。

这个故事是活的，因为你是活的。若把它当作一个已完成的交易，则很快就会僵化。虽然你的故事主旨保持不变，但当你与“大U”共创你的生活时，细节将以令人惊喜的方式展开。这就像毕加索花了几十年时间，在不断的创作中探索，成为一个现代派或立体派艺术家意味着什么。

你转化的问题越多，越能激发你的新故事。世界总是给我们呈上问题，邀请我们开启并放弃支撑旧世界秩序的预设。也许关于这种诚服的最著名的故事要数J. R. R. 托尔金（J. R. R. Tolkien）的三部曲《指环王》（*Lord of the King*）。不同于大多数的史诗中男/女主人公必须得到某个很酷的东西，弗罗多（Frodo）是必须找到一种方法来摆脱权力、控制和统治的魔戒。他必须舍弃“小我”的控制本性去战胜邪恶，让世界恢复到盛放的状态。

我们的本愿一旦被发现，就能够并将使我们所属的共同体焕发青春。

给予就是得到

当看到有人捐钱给慈善机构时，我们的快感回路就像我们自己收到钱时一样活跃。[5] 宣称他们人生的主要动机是帮助别人的青少年要比其他人快乐 3 倍，他们也不太可能在上学期间患上抑郁症、怀孕或者挂科。[6] 组织中的员工在意识到自己的工作对同事或客户产生积极影响时，会更快乐和更有效率。在一项研究中，当募款呼叫中心的工作人员听到来自最终受益者关于钱款给他们带来变化的小故事时，营收增加了 400%。

在斯坦福大学的另一个项目中，患癌女性被要求参加一个支持小组，其中一些人被要求积极地给予支持同时也得到支持，其他人则只是得到同伴的支持。那些尽其所能给予的人的寿命是其他人的 2 倍。[7] 在这项研究中，志愿参加两个以上组织的老年人的死亡率比对比组要低 44%。[8] 这意味着，志愿活动对我们健康的影响比每周锻炼 4 次更强大！即使只是看着别人慷慨大方也会产生影响。在一项研究中，让实验对象观看一部关于特蕾莎修女照顾加尔各答人的电影，嘿，说变就变，他们唾液中一种保护性抗体的数量突然显著增加。然后，其中一些人被要求想象在施爱或被爱，他们的抗体在放映结束后一小时仍保持高水平。[9]

关心者赢

本愿是“小我”的天赋（在“现实的”世界里我们具有实际技能和才能的部分）和“大我”的诉求（在某些方面，我们作为一个共同体及星球所缺乏的东西）之间的连接。我们的本愿总是既关乎这个世界——我们所爱的人以及我们生活其中的共同体——又关乎我们自己。

保护者会问：“我需要什么才能保持安全？”很少从个人立场考虑事情的连接者则会问：“我能做些什么来和世界分享我的天赋？”连接者的职责描述是协作、关心和贡献。它总是希望帮助或疗愈他人。而这不仅仅关乎其他人，也关乎找到我们的独到之处，以及我们绽放的最佳地点。如果我们是基于本愿的，那么我们和周围的人都会开始盛放。

大自然已经相当完美地密谋好了，让给予者也能和得到者一样愉快和受益。当我们做贡献时会释放催产素，它会加深我们的关系并抑制紧张。给予还可以刺激我们的免疫系统，给我们一种像吃巧克力时会有的多巴胺刺激的兴奋感（见第 46 页）。

我们的幸福很大程度上取决于，我们如何与他人相连接以及如何为他人做贡献。在对136个国家20万成年人进行的一项调查中，那些给予者是最幸福的。不管他们生活在富裕的国家还是贫穷的国家，都是如此。当我们给予关心的时候，幸福指数会得到提升，相当于一夜之间我们的收入翻了一番。[10]帮助他人甚至可以延长寿命和促进健康！就我们自己的成功而言，关心他人可能比拥有自尊更为重要。[11]以自我为中心也会耗费很多精力，因为我们得要不断地对抗我们天生想要贡献的本然愿望，这就把我们踢出了心流之外。[12]

然而，我们必须在给予他人和滋养自己之间找到平衡。本愿需要建立在他人以及我们自身同样幸福的基础上。我们必须保持有根基、有资源。连接者想要给予，但如果我们生病了，对任何人都没有用处。如果你发现自己在某些方面沉迷于付出，这很可能是一种模式（例如，试图让别人因你的"耐撕nice"而喜欢你）。放下它吧，回到你的本愿。你最不想做的事就是对别人太过承诺，以致忽视了自己及所爱之人的健康和幸福。世界希望我们是精力充沛和充满生气的。给予须是来自"大我"力量和能量的自然流动，而非很快就喘不上气来了的有限的"小我"。

只有当慈悲、助人和慷慨是发自内**心**而非头**脑**时，才能真正地为世界服务。不要因为你自己认为它"正确"而去做。不要为了让别人喜欢你而去做。不要因为别人告诉你"应该"而去做。当你反过来为从中得到什么而去做时，你就把它搞砸了。由保护者所驱动的"小我"，总是会试图绑架我们的善行，去弥补它认为缺乏的东西。只有连接者可以自由地给予而无须什么回报，因为它的内在已经拥有了它所需要的一切。

去服务，因为它从你这喷涌而出、无可避免；去服务，因为这就是你真正所是；去服务，因为如果你不这样，你就还没活出你的真相。

然后，它也将像服务于他人一样服务于你，即使这并非它的本意。这与非洲的 Ubuntu* 哲学产生了共鸣，它的意思是“我之所以是我所是，是因为我们所有人都是”。当我 18 岁在津巴布韦的穷乡僻壤做科学教师时，我被这种人生哲学强烈地震撼了。不管我们是否能看见，我们所有人都生活在一个复杂的人际网络中，我们都是相互依存的。Ubuntu 说我们的快乐喜悦不可避免地依赖于他人的快乐喜悦。当我们为他人服务并真诚合作——从爱而不是从策略出发，我们就会共同繁荣盛放。本愿即是我们打开**心**、**脑**和**手**去拥抱所有的可能性，在爱、真理和创意中，最轻松地和世界连接。

发现本愿

本愿不是职业选择、品牌愿景或目标设定，而是在任何时候，你是怎样地与他人分享并关照他人。它可能涉及荣获一个普利策奖，也可能就是留心照料我们爱的人、在感到卡

---

* 中译/音译多为吾帮托、乌班图；南非语：人性，善心。核心思想：人道待人、乐于分享、同源一体，对应“仁爱”之义。——译者注

住时可以自由地表达自己，或者探索如何成为更好的朋友和父母。是的，你可能有着远大的梦想。你可能有一个商业帝国的愿景，或者想拍一部伟大的电影。你可能不顾一切地想要建立一个家庭，或者斗志昂扬地要去结束世界贫困。然而，这些都不是你的本愿。这些都是宏大、艰险、大胆的目标，我们稍后会来探讨如何将其带入到生活中。本愿可以启迪激励目标，帮助定义和完善目标……然而，本愿不是目标。

本愿可以助燃一个企业或一个项目，也可以同样安于你在夜吧洗手间排队时或一场无聊的会议中，张罗孩子们准备上学或者第一次约会上。多练习让本愿流动，当真相显露时，你会准备好去帮助他人，而不是玩弄策略和模式。

当你放开所有的“应该”，几乎肯定的是你将发现你的本愿放大了下列中的一个：玩耍、实验、创造、学习、分享、爱、关怀、教学、转变、冒险或疗愈。这些都是既有益于兴盛别人也绽放自己的方法。

摆脱了怀疑和恐惧、愤世嫉俗和自我批判后，你的本愿是你从生活经历中收获的每一份爱和智慧点滴积累起来的总和，混合着你通过**全身心**地投入生活所磨砺出来的技能与才干。所有这些都被浓缩成一滴纯净的精华，你会在适当的情况下表达出来。你最强烈的生活经历给你的身心留下了印记，就像沾染污渍穿旧撑大了的衣裳，与其试图擦净，不如加以利用，伤痕就变成了亮点，你最大的资产。

这种精华浸透你的整个身心，会在你的每一次经历体验中冒泡。

你的本愿是当你感到最有活力、最有效用、最清醒时的你之所是。这不一定跟你觉得最被赞同时一样。如果你认为你的本愿是赚很多钱、出名或赢得一些什么，那仅意味着是保护者在说话。感谢它的贡献，并通过感激它对你的保护来使之安心。然后向你的连接者询问真实的答案，它清晰地知道你的本愿。事实上，它一直都知道。本愿——行动中的爱，正是激励它的能量。本愿是你的一部分，它让你得到疗愈、获得洞见、前去冒险，才让你到达了如今之所在，成了现在的你。

对你来说，你的本愿是独一无二的，它没有对错之分，当然也不会比其他任何人的更好或更坏。本愿是你的创造精神，不受阻碍和限制，它与生活结合在一起以帮助你和他人盛放。它是令人欢欣鼓舞的、强大有力的、永不枯竭的。唯一能阻止你让它出来的人，就是你自己。

如果你不能用语言来定义你的本愿，别担心。用精确的词语描述你的本愿并不如感觉到它像一团火在内心燃烧来得重要。只要你感觉到自己内在的本愿，你将会知道你是“出自本愿的”还是“非出自本愿的”。当你感觉是出自本愿的时候，它会通过你的感受（**心**）、想法（**脑**）和行动（**手**）散发出来，就像一名棒球手触到球一样。每当你做出如何自持或如何行为的选择时，你要么感到

嗯，还行吧，

这是非出自本愿的。要么感到

爽甜啊！

如果你能感觉到那个甜蜜点，你就是出自本愿的。不管你碰到什么突发弧线球，你都可以找到你的甜蜜点。

想想你今天这一天。当出自本愿的时候你做了什么？非出自本愿的时候呢？

你将善用你的本愿来做什么？

不管你实际的职业或生意是什么，是失业者、能人高管、居家父母，还是旅行者，你的本愿都能帮助你在任何时刻创造出意义来。

你没法选择你的本愿。它是基因、经历、教养以及环境之间高深莫测、错综复杂的相互作用的结果。但你可以选择用它来做什么。

如果你的本愿是玩耍，你可以在办公室里发起一个厚脸皮的“与你相识”的游戏，并把一些乐趣带到生活中来。如果你的本愿与家庭有关，你可以在你的团队中努力创造更多的信任和共享。如果你的本愿是关于疗愈世界，你可以帮助你的室友明白废品回收为什么重要（当然是不带评判地）。如果你选择的话，任何事情都可以变得具有根本意义和充满本愿。

如果你（或确切地说，是你的“小我”）曾经认为自己环境太过糟糕，以致你的本愿无法与其结合，那么奥斯卡获奖影片《美丽人生》(*Life is Beautiful*) 会是一个很棒的鼓舞。由罗伯托·本尼格尼（Roberto Benigni）扮演的男主角是一个浑身散发着想象力和顽皮的人。他的本愿是让人们大笑、微笑、看到生活中的美好。面对正在逼近的死亡，他专注于让儿子发笑，即使俘虏他的纳粹正准备杀害他时也一样。这就是充满本愿地生活。

然而，充满本愿地生活并不意味着生活突然就会变得“容易”了。你的本愿可能会驱使你改变你在家里或工作场所的行为方式，可能会影响到你投资的项目，甚至是你喜欢的度假方式。我们的本愿很少是便捷的，甚至往往是尚未被社会所接受的。

你不必和任何人分享你的本愿。但是，如果你分享了，通常的情况是：你用激情和信念在分享，却见周围的人对你眉飞色舞的表情报以怀疑和彻头彻尾的恐惧。我们所爱的人可能一开始也不理解。在现实中，他们可能永远也不会理解。那些还没有找到自己本愿的、没有与自己深入连接的人，常常受到那些充满本愿地生活之人的挑战，这可能会吓到他们。改变可能会极具威胁性，所以与你所爱的人共情共鸣，让他们有时间来调整适应你的更高频率的生活方式非常重要。这可能需要一段时间。

不管你身边的人是否理解，他们都不是你，你不能为他们去活你的人生（而他们也无法通过你来替他们活）。这并不意味着要自私或无视你的责任。这意味着要找到一种方法，如何在来自于你的真相、你与“大 U”的连接的本愿故事中，将生活中所有的竞争性需求都联系起来，而非其他。

无论你做什么，当涉及你生命的本愿时，不要屈从于别人的意见。当然，别人的反馈总是有用的，而且教练可以帮助你找到盲点、讨厌的预设或阻抗。但无视你的本愿将会带来人类所知最折磨人的痛苦。在服务于“大我”中选择扮演无法表达你的独特本质的角色，你注定将会受苦。关于地狱的一个尖锐灼痛的定义是：在你生命的终点，遇到那个你本可以成为的人——如果你遵从了本愿的话。

请不要因为其他人无法理解或赏识你的活力而出卖自己。信任自己，信任连接者。只要你每天都活在自己的本愿中，你就会保持健康、清醒和盛放。

现在，随着所有这些魔力的升起，你想要创造什么？

向本愿开启

关闭的：本愿是一个神话，因为生命本身是没有意义的。正确的做法是变得富有/出名/专业/有教养/有道德/享乐主义/改变世界的（删除不适用者）。

开启的：当我们释放我们的模式并表达我们的本质时，本愿就显露了。本愿让我们从即便最严酷的经历中创造意义。通过为他人的福祉作出贡献，我们演绎着一部关于成长、学习和盛放的赋能的故事。

现在就开启

所以，现在，把你的连接者带入混合中。呼吸。放松。也许闭上你的眼睛。选择去开启。尽你所能地信任和诚服。

心：感受你内在的情绪，一路通过你的身心。呼出任何的恐惧或不安，应该或必须。

在过去的7天里，哪些时刻让你感到了大爱、深深的满足或本愿初心？

在过去的1个月里，什么时候你感觉最开启？那时你在做什么？你成了谁？

在过去的6个月里，什么时候你感到最活力充沛、电力十足？那时你在做什么？你成了谁？

脑：生活中你遇到的最大的问题是什么？在克服它们的过程中，你发展了哪些才能、天赋和理念？

你希望你的墓志铭是什么？

你想让你的儿孙辈们就你说些什么？

手：放下任何的应该或必须，想想平常的一天，哪些活动最能鼓舞激励你？

当你是个孩子的时候是怎样的——在任何严肃或野心潜入之前？

当你想到哪些记忆时，最能激发你的身心？

突破性提问

如果我是被外星人投放到这个星球上，用我所有的洞见、经验和天赋来给这个世界带来更多的爱，我每天会做些什么？

如果我再也不需要工作，并且每个人都非常喜爱我原本的样子，我要怎么生活才能让自己感到最充实、最有活力？

第 7 章

可能性

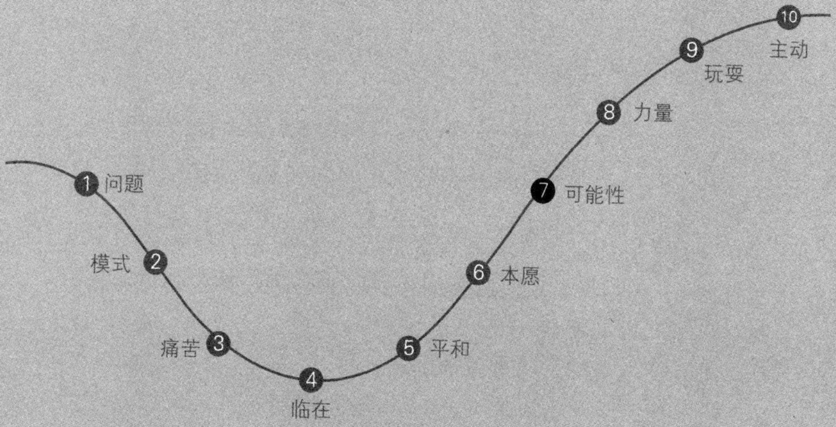

当我们开启的时候，各种可能性开始像火花一样在我们脑海中飞舞，像余烬一样在我们心中燃烧。如果我们对其加以培育、照料、修剪、喂养，过不多久一个创造性的突破就会喷薄而出。我们将旧的预设更换为新的洞见——从我们将要进入的未来中浮现的洞见。倾听内在回旋着的低语和梦想；留意那些飘忽在意识之外的半成熟的想法。这些想法是一个征兆：一个"啊哈！"的灵光一闪已经准备好要突破了。

著名的南美小说家伊莎贝尔·阿连德（Isabel Allende）售出了5000多万本书。关于她的创造力，这位极其多产并深受喜爱的艺术家这样说："我不是那种发明故事的人；我就像一台接收电波的收音机。不知怎地，只要我小心地转动旋钮，我就会收到电波，得到故事。但这故事并不属于我，它就在某处漂浮着。"[1] 不只是她一个人这么说。一个又一个作家、一个又一个艺术家、一个又一个科学家，都声称自己不是创造力的源头。作曲家J. S. 巴赫（J S Bach）说："我只是按谱好的乐谱演奏，然而是上帝创造了音乐。"

当我们让评判、意见、批判和比较挡在道上时，创造力的流露就被打断了。预设是洞见的敌人，它们最终总会导致失败。尽管旧模式让我们保持安全、成功和富有，但如果我们坚持执着于它们，最终世界将会继续前进而我们将会变得冗余（或被裁剪）。当我们放弃我们的预设时，就不会对所提供的可能性有任何限制：超棒的旅行经历、美妙的性爱、变革性社区项目、表达性艺术或有影响力的事业。

洞见浮现于脑海的那一刻，我们会感到开放，创造力开始流露。每当我们开启一个问题并有一个突破性的内在洞见时，我们就打开了可收获多年的可能性领域。我们的本愿将引导我们去破解相关的问题。

带着一颗没有恐惧、真正开放的心，一个没有预设、开放的头脑，以及我们的手，我们就能够改变世界。

那么，你想要日夜奋斗带给人生的可能性是什么？假定，平均来说你会活4000万分钟，你将如何赋予其意义？

创造性精神

如果有那么多的创造者承认创造力只是流经他们，而不是来自他们，那么它究竟来自哪里呢？好吧，我们知道，我们认为处于掌控中的那部分自我——制定策略的“小我”——并不是我们的全部（参见第4章第101页）。当“小我”把我们的想法写在纸上或者用数学公式分享的时候，我相信这灵感来自于创造性精神、“大我”。一旦我们进入心流之中，它是我们内在有着无穷无尽的突破性洞见和灵感创意的那个部分。

当你有灵感想法时，如果你花时间观察它们从何而来，你可能会发现它们是突然进入了日常意识。没有什么“我想要/需要……”，有的只是“哇，要不……怎么样”。一些伟大的想法、巨大的突破所令我们自己感到的惊讶似乎并不亚于他人。

一次又一次地，创造性精神激发了超出他们正常的“我”的视角的远见卓识。保罗·麦卡特尼（Paul McCartney）说，《昨天》（*Yesterday*）这首歌曲的灵感是在他的梦中到来的，但他把它忽略了好几个星期（“小我”总认为它是最懂的，嗯？）。最终他才把它写下来。现在，它的翻唱次数比历史上任何其他歌曲都要多。这是一个重大的音乐突破。德国天才科学家弗里德里希·库克尔（Friedrich

Kukele）拼搏了几个月的时间来了解苯——在塑料、药物、清洁剂、杀虫剂和炸药的生产中至关重要。一天晚上，他梦见一条蛇在吞食自己的尾巴，这是一种古老的衔尾蛇象征（在许多文化中代表重生）。库克尔第二天醒来时突然有了苯分子呈圆形结构的想法，就像那条蛇一样。这便成了一个重大的科学突破。

突破来自于我们整个身心的所有意识状态中，而不是来自高级脑区中某个纯粹理性的神秘位置。思想存在于我们内在，在腹部、心脏、肌肉和大脑中，正如存在于纸上的一样。这就是为什么创业者们能比大公司更成功地实现突破，即使他们只有一小部分的资源——他们倾其所有全情投入。这也是伟大的艺术家很稀有的原因，大多数人都没有准备好把自己全身心地献给艺术。要产生新的灵感创意，所需要的决心和天赋一样多。

突破是全身心的事。它涉及我们整个系统的协调运行，从我们的情绪脑到数以百万计的神经元（可能还有体内的细菌）。

调好频率准备突破

在一项具有里程碑意义的研究中，说唱歌手在表演时被放入功能性磁共振成像扫描仪（fMRI）中。首先，他们唱事先写好的歌词。然后他们被要求即兴发挥——在心流中。在这两种状态下他们的大脑差异很大。在有歌词脚本时，与控制、决定和判断有关的前额皮层区域亮起来。但当他们自由发挥时，控制、意志力和注意力区域都不是很活跃。他们在放弃传统的“聪明”的时候恰是最有创造力的！在爵士音乐家即兴创作时也发现了相似的结果。[2]

服用致幻药的人，其大脑控制中心的活动也表现出减弱。前额皮层的抑制越深，迷幻体验就越强烈。[3] 研究表明，实际上距离和空间也可以帮助我们突破。通过有意识地休息、打球、度假或冲澡，我们迫使忙碌的大脑停止聚焦于一个问题，并让创造性精神来发挥本领献上灵感。[4]

有一种大脑活动的机制在大脑休息时出现，当我们开始做一件事的时候它就会隐退。这种默认模式网络（DMN，Default Mode Network）在那些有更多自发想法的人休息时变得更加活跃。休息、释放、让我们的身心自由放松地在各种想法之间漫游，并把那些点滴连接起来。[5] 然后当看到某种我们十分喜爱的有创意的东西时，DMN 似乎完全激活了。[6] 早期的研究表明，我们可以用更专注、更“聪明”的大脑部分来指挥我们的 DMN 无忧无虑地、朝着可能会产生我们正在寻找的想法的方向漫游。换句话说，我们可以有意识地促进这种意外之喜，而不用试图去控制它。[7]

与我们可能的设想相反，如果我们想让自己的想象力飙升，那么我们用来进行比较、判断和决策的上脑部必须变得不那么活跃。我们无法强迫创造力的到来，但可以为它创造合适的条件。创造性精神——行动中的连接者，无法被控制，

只能被释放。这就是为什么重新连接的练习能够激发并释放我们的创造性活力（参见第 4 章第 96 页），它在放松了“小我”紧抓不放的偏见的同时，把我们与“大我”、与创造性精神连接起来。感知我们身心的感觉和感受至关重要，因为我们许多的洞见都深藏其中。

一旦把全部注意力投注一个问题上，我们就触发了身心去突破。一点点的意图就能让你的活力流动起来，连接者作为创造性精神出来发挥作用。但是，可能几个小时、几天甚至几个月我们都没有得出一个答案。我们须得相信，创造性精神正在有着数十亿突触以及量子连接的身心内运作着。关于创造性精神，一位数学家、科学家和哲学家（全能天才）亨利·庞加莱（Henri Poincaré）这样说：

> [它] 绝不次劣于意识本身；它不是纯粹自觉的；它有洞察明辨的能力；它机智、微妙；它知道如何选择、预见。我是说，它比意识本身更懂得预见，因为在意识失败的地方，它成功了。[8]

它远在后台工作，在日常觉知之外，直到……

啊哈！

突破就像太阳在雾天里破云斩霭般地出现了。创造性精神一直在工作——漫游、重组、沉思——直到它终于有了值得与我们分享的东西。预设消失了，而新的洞见不知从哪里就冒了出来。我们可以透过整个身心感受到它的发生。

在混沌的边缘突破

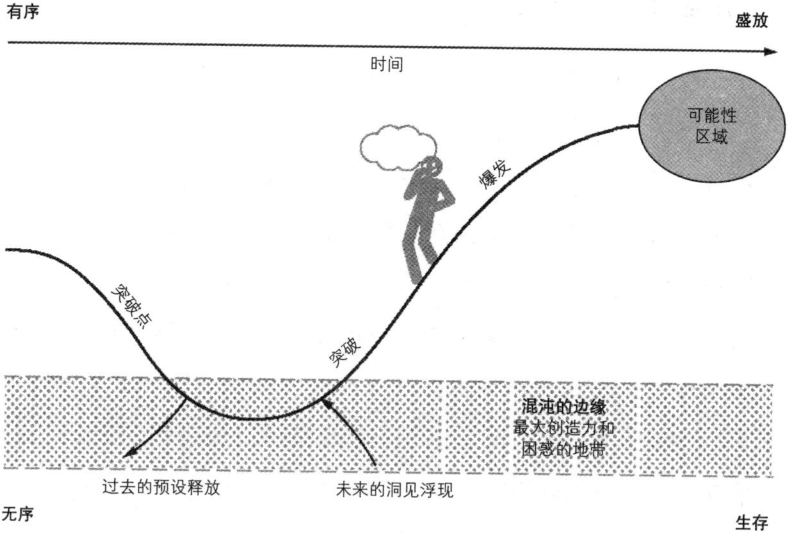

可能的情况是，会有很多次你打破了旧的，但还没有完全弄清接下来如何。乐高积木就在你的四周，而你还不知道如何将它们再组合在一起。欢迎来到混沌的边缘。因为它混乱、模糊不清、充满风险，很多人觉得这个地方很有挑战性，通常**心**里会感到害怕、头**脑**感到难以理解。预设和洞察力正在争夺主导权，而大脑会变得非常困惑。

这种被压垮或困惑的感觉，恰是你正处于突破点、准备好突破的征兆。正如伟大的道家代表人物、哲学家庄子所言：放开你的预设，世界将变得完美。[9] 如果你能拥抱混乱、安坐于困惑之中并保持与源头的重新连接，洞见和创意终会破茧而出。这就是为什么梦想、冥想、休假、淋浴，以及其他让我们放松和打开（相对于紧张和关闭）的活动都有助于突破。

“尤里卡”* 时刻

当你准备好放弃你认为“正确”或“能赢”的解决方案而让创造性精神寻找前进的道路时，突破就会到来。你必须把放下过去作为未来动态的一部分。你不能墨守着旧信念的同时又有所突破。相反，你必须愿意用预设去交换洞见。和预设一样，洞见也是信念，但它们是由可能性决定的。洞见激发创意。一个丰厚深刻的洞见可能会导致 10 个、20 个甚或 100 个不同的创意想法，一个“尤里卡!”时刻可以为我们提供多年的转变。洞见实际上就是突破，想法则只是我们利用那个洞见去做出改变的不同方法而已。许多想法将行不通，但洞见或突破却将激发更多的想法。

以下是我们之前看到过的一些普遍的预设（参见第 2 章第 51 页，和第 3 章第 72 页），以及一旦放下预设就会出现的一些新的洞见和想法。

“生活艰难”的故事

关于人类本性/宇宙的基本预设

生活是艰难的，只有强者可以生存。

突破的洞见

- 也许这是我父母所相信的，但我没有必要也相信。
- 也许当我停止抗拒的时候，生命将会流动……

---

* Eureka，希腊语，意为“找到了!”——译者注

突破的想法

• 我决定把我现在的项目想象为一个最简单、最流畅、最容易的体验，每天都给我带来快乐。

• 在接下来的几次业务会议上，我也会变得柔和脆弱一些，看看会发生什么。

“男人不值得信任”的故事

关于人类本性/宇宙的基本预设

所有男人都是不值得信任的。

突破的洞见

• 也许我一直在因为自己的过去而保护自己避免失望。

• 也许有些男人是很棒的，只是我还没能遇到……

突破的想法

• 我要邀请一个和前男友完全不同的男人出来约会，看看会发生什么。

• 我要给我爸发电子邮件，原谅他的过去。

“吃/喝/抽烟能帮我放松”的故事

关于人类本性/宇宙的基本预设

人体像一部机器，可以利用某种物质来放松。

突破的洞见

• 也许我是用这个故事来掩盖压力，好让我不需要承认它……

- 也许是时候找到能滋养我的释放压力的方法了……

突破的想法

- 在接下来的 24 小时里，每当我感觉想要一份零食/一杯酒/一支香烟时，我会设想自己已经感觉放松了，看看会发生什么。
- 每天早上我都要做一杯奶昔作为送给自己的一份礼物，以一种赋能的方式开始我的一天。

我们的朋友正在改变；我们的工作场所正在改变；我们的文化正在改变。我们可能不再像以前那样适合了。幸运的是，有关事物在如何变化的线索比比皆是。这些信号很弱，但当我们开启并找寻它们时，它们就在那里。通过把注意力和意图集中在一个问题上，开始探究我们周围以及我们内在的生活将去向何方，这有助于我们获得突破。在很多层面上，“啊哈！”或“尤里卡！”时刻恰恰说明我们正在突破曲线上前进。

在我们所处的环境中存在着微弱的信号：看博客、问人们尖锐的问题、浏览我们的社交媒体讯息寻找线索、在商店里发现新产品。它们都能就如何改变我们的职业焦点或项目方向给我们提供深刻的见解。在我们的关系中也可以发现微弱的信号：我们的朋友和家人是如何作为的、他们对什么东西有激情、他们没有对我们说的是什么，都是能打开突破洞见的源泉，使我们与之关系融洽（当然，如果我们想的话）。在我们的身心中也可以发现微弱的信号：我们被什么吸引了注意力；我们对什么东西变得不太感兴趣了；我们可以感知什么潜在的崩溃征兆。

碎拍的突破

这是20世纪70年代初纽约布朗克斯区的8月。一个少年DJ科尔·赫克（Kool Herc）即将发明一种改变世界的东西。在那之前，DJ们一直是从头到尾播放完一张唱片，再换下一张。在他们的预设里，唱片是乐队的替身，是在没有现场演奏的情况下可以得到的最好效果了。然而，科尔·赫克有一个问题想要破解。科尔和同伴们不想去音乐会，他们想在街区开派对，因为便宜。他的工作是让每个人都尽可能快而疯狂地被点燃。

带着这种意图，他发现了一个微弱信号。最酷的舞者都要等到最强劲的节奏片段出来后才真正爆发出他们的舞蹈。这些片段是些“碎拍”：主调退出，通常只留下鼓点。当主曲回来时，他们就停止跳舞。然后过几分钟他们等到下一个碎拍，下一个有强劲节奏的片段。科尔·赫克有了一个洞见。如果他只是播放碎拍会怎么样呢？一个想法形成了。他录了几段特别强劲的碎拍并反复播放，跳过了主曲部分。他打破了所有的规则，把一个限制（人们不能每周都去演唱会）转变成一种可能性。一种对许多人来说比现场音乐更令人兴奋的、新形式的音乐/舞蹈/体验/文化产生了。嘻哈音乐（Hip hop）诞生了。其余的，从糖山帮（Sugarhill Gang）到嘎嘎小姐（Lady Gaga），都只是历史罢了。

对于我们来说微弱信号太模糊以致难以发现，除非我们去培养发现它的能力。当我们开启并开始一个探寻时，会指令我们的感官对洞见的来源格外警觉。我们启动由多巴胺驱动的身心，去发现正在浮现的新的范式，而不是再度确认过去的范式。这个过程——处于突破曲线的核心——在我们个人的生活、事业以及艺术中驱动了突破。每当我们说“啊哈！也许我可以认为/成为/做××……”时，我们是活在可能性而非模式中。这是创造性的重要时刻。

皮克斯的创意者们感知到并继而放大了那个暗示父母和孩子们想要更具讽刺意味的、俏皮的、尖锐的，而不是过去那种故作多情的、过度甜腻的电影的微弱信号。马克·扎克伯格（Mark Zuckerberg，Facebook 的创始人）感知到并继而放大了人们想要在网上连接和分享的微弱信号。当发现孩子在学校里表现出无聊的迹象时，一个开启了的家长会把它作为一种能激发灵感创意的洞见源泉。我们处理身心内以及关系网中的微弱信号，最终它们成为创造新的未来的洞见。尤里卡！

不愿意放下的高管们

我被邀请到加州一家著名的公司做咨询，帮助开发创新的解决方案来应对非常艰难的社会和商业挑战。业务部的总裁是个好人，接近退休。由雄心勃勃的高级副总裁和副总裁们组成的年轻团队与我一起工作，以确定公司可以突破的重大而艰难（并有点吓人）的问题。在这些领域，一些重大想法可能会影响数百万人的生活（以及底线）。我反复告诉他们突破的要求，尤其是如果想要找到“颠覆性”的创新，必须揭开并挑战某些他们最珍视的预设。

我自认为总裁也会支持并参与突破，而愚蠢地忽略了在关键工作坊之前与之面谈。当他一进门，我就知道有麻烦了。他的那些高层业务领导——其中许多人拥有常青藤联盟学校颁发的多个学位并管理着数百人的部门——马上改变了行为方式。他们似乎停止了挑战，停止了质疑，停止了寻求突破。似乎总裁想要他所有的信念都是正确的，同时还要有所突破，至少在我看来如此。但我们知道这是不可能的。这个项目很快就停止了。

从预设到洞见、从过去到未来，“尤里卡！”或“啊哈！”时刻在身心深处带来了一个转变。我们必须在身体上、情感上和思想上放弃旧的预设，让洞见得以进来。伴随着每一个启示，通常是一种能量的火花在我们周身飞舞。这种感觉往往是令人振奋的。我们是“喜悦洪流”。仅仅是对日常的问题发明一个创造性的回应，比如说发明一个游戏和我的儿子一起玩以引开他沮丧的情绪能量，就使我感受到那个创造性的洪流。我的神经印签被重新布线，远离反应，贴近想象。

突破 = 洞见 + 创意

你的突破性洞见的能力并非取决于你有多少新的想法，

而在于你愿意放弃多少旧的预设。这就是小型初创企业能够推翻商业巨头、一小群有献身精神的公民能打倒独裁者的原因。他们拥有少得多的政治权力、资金、资源和人力，但他们更愿意放弃旧的去拥抱新的。他们放开“高尚的谎言”，把全部身心都献给了可能性。

你要么是预设正确的，要么是一贯创造的。两者只能取其一。

不要挡你自己的道

你、我、我们身边的每一个人都有创造力，并已写入每个人的DNA。它是我们之所以为人的所在。创造力是生物所独有的特征。无论一台电脑多么强大，它都不具备创造力。看起来它似乎是有创造性的，但每一个结果都是可以预测的、是由一组算法驱动的（一组公式，基于预先确定的数学关系生成解决方案）。线性机制中不会出现突破。然而，即使是最小的孩子和最简单的细胞生物也能创造出以前根本不存在的非线性突破。

生物体是自身创造力的创造性产物。我们是**自创生的**。以生物的卓越智性为动力，生命不断地从一堆看似惰性的化学组块中创造出更多的生命。随着我们在生物学和文化意义上的进化，我们打开了越来越多之前不存在的可能性领域。其结果是从对生拇指到莎士比亚的戏剧，无所不有。在这个过程中，由我们的想象创造出了所有的国家、政治制度、技术和企业。

我们打开的每一个可能性领域都为我们提供了新的选择。通过利用这些新选择，我们又打开了新的可能性领域。这个通过基因突变以及文化想象力驱动着一个又一个突破的良性循环正是我们到达进化巅峰的方式。作为一个突破性的生命艺术家，你是这个过程的直接后裔，你有权利享受你的遗产。

现在，暂停片刻然后感觉组成你身心的数百万亿细胞，它们每一个都是鲜活的、自创生的。因为可以自我创造，它们中的每一个都涌动着创造力。这也意味着你的本质就是创造性的，无论你的年长艺术老师、叔叔或老板对你说什么。你体内的所有染色体、细胞膜、器官和神经元都具有根本的创造力。你可以突破一切，

如果

（这可是一个大大的“如果”哦）你已准备好不再挡住自己的道路，舍弃所有阻碍你的预设。

当我们不给自己的道路设限时，创造力就达到了巅峰。你必须把“小我”从“大我”的道路上赶走，然后一个“啊哈！”就会透过你怦然爆发。在道家中，这个概念被称作“**为无为**”，它大致可以翻译成“做不做”。行为正在发生，事情正在被创造。然而，这并不是“小我”意义上的“我”在做所有的工作。我们只是完全地协调和专注，然而放开了

控制。在印度智慧中同样有这种概念，如“无行动的行动（actionless action）”。这类似于被人们描述为“心流状态”的体验。我们需要“小我”来搞定事情，它是我们练习和弦、琶音以及学习协调和声的那个部分。要掌握一项技能，我们需要投入1万到2万小时。然而，轮到表演的时候，我们让“大我”来接管，因为这样可以让我们的创造性精神处于最佳状态。

所以不要挡自己的道，而要让你进入“为无为”的状态。

任何粘在管道内的过往的东西都会阻碍流动。一个恐惧的、评判的、批判的身心是紧绷着的：肌肉准备对抗、逃跑或冻结；眼睛缩成狭隘的视野。如果我们施以控制，就不能对新事物开放；如果我们被引爆，就不能探索新的途径。所以，我们必须持续不断地放开、释放和放弃控制。这就是一些智慧传统所说的“净化”。我们不断地吸走旧的模式，让创造性精神的光芒闪耀无阻。

我们所有人都可以通过允许正在寻求浮现的事物顺其自然地发生，而不对其加以事后评价、批评或阻碍来练习“为无为”。事实上，任何活动都可以成为练习“无行动的行动”的机会。烹饪、陪孩子们玩耍、约会、插花、雕刻、写作、城市探索，以及做爱等都可以成为让创造性精神与我们同道而行的时刻。

38 让潜意识来工作

不给自己挡道说起来容易做起来难。希拉里·曼特尔（Hilary Mantel）曾两次获得布克奖（这个星球上最顶级的文学奖项之一），她总是觉得自己是被召唤去写历史小说的，尽管那时并不受出版商、代理商和公众的欢迎。即使在好几年后才得到一些认可，她还是坚持写作，而且（显然）就此做得相当好。对于这个创造性过程，她说："你必须对自己说，把手拿开，让我的潜意识为我工作。"[10]她在访谈中表示放弃控制并不容易，但她知道单靠努力并不能创造出伟大的文学作品（尽管它的确可以帮助你按时完成一篇手稿）。

当我们以一种不觉得有一个"我"——一个微小的、恐惧的"小我"——在做的方式来做事的时候，就是在让突破通过我们。我们与自己正在创造的东西形成了一种"纠缠"。如此一来，我们就成了主语、宾语和动词，我们不仅仅是舞者，也是舞蹈和跳舞；我们不仅仅是科学家，也是科学；我们不仅仅是爱人，也是爱和做爱。可能性并不仅仅是"我们的"，也通过我们。在清除旧的预设和放开控制方面我们做得越多，就会有（并被回报以）越多合适的、杰出的创意想法。

产生一个愿景

当把注意力、洞见和想法集中到一个问题上时，我们最终会形成一种具有内聚性和一致性的对世界的可能性的愿景。我们把几周（或年）内所有进入自己身心的想法的点连接起来，并产生一个愿景。当我们将自身更多地投入其中时，愿景就会成长、呼吸和扩张。这个愿景也许是关于你的职业可能会怎样、人际关系可能会怎样，或者你的工作场所可能会怎样。你甚至可以对整个社会或整个行业有一个愿景。

愿景并非是排解的幻想，也不是一厢情愿的想法，它们深深扎根于现实中，是全心全意地投入于问题之中并无惧无畏地让创造性精神描绘出事物未来状态后呈现出的结果。愿景是许多小想法结合成一个重大突破的自然结果，可能需要相当长的时间才能实现。如果你无法在内在长时间地抱持一种可能性——一个引人入胜的愿景，那么它可能永远不会实现。

类似这样的愿景是如此的强大，以致世界上最知名的企业都乐于向咨询公司支付数十万美元以把它们制定出来。我曾与斯米诺（Smirnoff）、微软（Microsoft）、联合利华（Unilever）等公司，以及许多初创企业、非营利组织和社会企业合作建立愿景。愿景影响着每个人并鼓舞着每个人朝着共同的目标努力。愿景在创造行为中是如此重要，如果没有它，我们几乎注定会失败。中国的一句老话告诉我们："思而不行白日梦，行而不思是恶梦。"

所有改变世界的想法都来自于那些利用其意向性把"一

个模糊的未知”化解为一个“可以是、将会是什么”的愿景的人。

愿景可以是几页文字、几句话和几张图片，甚或只是一种全身的感觉。无论我们对其进行感性的陈述还是直接引领实现，愿景都是一个关于事情可以变得怎样、引人入胜但又可实现的故事。这个故事激励着我们以及其他人，抛却旧的范式和模式，拥抱新的方式。愿景是一种切实有形又鼓舞人心的对当前现实的取代。一旦人们把握了它，它就会使之以全新的方式思考、行动和联系。它为人们打开了一个改变、成长和变得更多的空间。

在我们选择要破解的问题和从问题中浮现的可能性之间有着深刻的情感联系。每一个突破都有一个看似神圣的逻辑，至少对我来说如此。由此我们可以收获“回应能力”的犒赏。通过完全地主有问题，我们享受到了愿景启示的乐趣。事后看来，在突破之后我们可以发现每个问题都内藏着它自己对策的种子。愿景就在一个个问题中等待着我们，但在放弃预设之前我们无法看到它。

以下是一些从普遍问题中浮现愿景的例子。看看你是否能发现最初的问题可能是什么样的、通常用以应付它的模式，以及那个突破性的夜晚是什么样的……

愿景是：

- 组织一次度假，每个人都不只是相处，而是一起成长。
- 建立一种自由职业，让我们能有更多时间花在为孩子们热衷的项目上。

• 利用我们的空档年或闲暇时间去环游世界，探索我们可以怎样去改变它。

• 把我们和伴侣的每一次争吵都当作一个有助于更多了解对方（也许就异性总体而言）的想法和感觉的机会，从而使我们变得更亲密。

• 减肥或戒烟/戒酒，这样我们可以和孩子们一起进行体育运动或玩积极的游戏（并教他们如何保持身材和健康）。

• 不再买东西了，利用不购物省下来的时间和金钱，去当地的看护中心做志愿者。

如你所见，愿景从来不会局限于那些我们为了自身利益而想要看到其发生的事情。愿景总是和某些比“小我”更大的东西有关。它比目标或使命更具表现力和拓展性。目标存在于头**脑**中。愿景则存在于**心**、头**脑**和双**手**中。当你的目标是减肥和变漂亮的时候，你会很容易让步并再吃一块饼干。但是，如果你把减肥的目标跟为你所爱的人保持健康和活力的愿景联系起来，就会另有一种鼓舞人心的激励帮助你永远与过去决裂。对他人的爱会战胜对自己的爱的匮乏。

你会知道什么时候你的新兴故事、你的愿景已经成熟和完备了，因为它不会只出现在你的头**脑**中，它会让你在**心**里感觉很好，并让你的**手**痒痒地要做点什么。你总是可以利用你的本愿去芜存菁并厘清任何竞争性的想法和洞见。当一个想法值得追求时，本愿会让你感到一个

叮！

或者，当想法不合时宜（或现在暂不合适）时，一个

噗！

你可能无法选择你的本愿或问题，但你可以选择投入哪些想法、哪些愿景，哪些不投入。在这个过程中，如果你想要专注于那些对你和你的人民最“充赋盛放的”想法，那么有些想法不可避免地要被牺牲掉。有些想法让某人去做是恰当的，你做就不是！

你的愿景越大胆，你可以造就的不同就越多（促你成长的挑战也会越多）。如果你打算设立一个愿景，不妨设立一个真正把你推出舒适区以外的愿景。这里有一些可能会让你的活力流动起来的、反常的、疯狂的、强劲的愿景：

- 培养孩子，使他们有能力在不断变化的世界里茁壮成长。
- 举办一个音乐节，让新乐队和他们的粉丝聚到一起，而不用受公司的剥削。
- 写一本小说或拍一部电影，内容关于当我们全身心去爱时会产生的可能性，以此激荡数百万人与之悲喜与共。
- 建立一家社会型企业，让你的社区彻底改变。
- 掀起一阵全球性舞蹈热潮，让世界因此变得健康。
- 创建一个能够启发、赋能并有一批数字时代精英参与其中的媒体公司，通过连接、创造力和奉献来盛放（这个是我的愿景）。

当然，并非所有的愿景都必须是宏伟的，它们也不是非得要成为你一生的工作重点。然而，我们在服务于某种大于我们自己的事物方面创造得越多，我们就越感到充实。记住，关心者赢（见第166页）。印度作家拉宾德拉纳特·泰戈尔（Rabindranath Tagore）（第一位获得诺贝尔文学奖的非西方作家）说道："我睡去，梦见生活就是享乐。我醒来，发现生活就是劳碌。我身体力行后领悟到，原来劳碌中充满快乐。"

突破之美

每次我们遇到问题时突破都可以发生。无论我们处于多么紧张的境地——生病、破产、心碎——在其他人仅仅看到问题的时候我们都能够创造可能性。这意味着要足够长时间地放弃你的预设和习惯，以便让新的可能性涌现。这就是人生的艺术：突破旧的模式，而不是反应、退避、重复不需要的模式。你可以在任何困境中通过开启、让一个愿景在内在形成来改变自己。

拥有一个愿景并不能保证我们的疯狂想法就能有什么成果。在把愿景变成现实的旅程中，几乎可以肯定我们会失败好多次，当我们着手大问题时更是如此。失败证明某些东西还不契合，仅此而已。虽然失败给人的感觉像是一个巨大的"哎哟"，但是只要你在遵循本愿生活，就不会真的搞砸你的人生。所以不必有任何痛苦。这意味着没有什么可以阻碍你构想最大胆的愿景和最疯狂的计划，你的自尊也不会再有任何危险。

嗬！

多么释然哪！那么，放松地进入你的本愿，接下来的几个星期、几个月或几年你大胆畅想的登月之举会是怎样的？对你的家族/家庭/工作场所/社区/世界你有什么不合常理的想法？你想在上午 7 点或晚上 9 点——当其他每个人、每个“正常”的人都在看电视时——做什么？你想怎样重新混合你的世界，今天？马上？

愿景越大，就越能把你最好的版本招引出来；它对你的挑战越多，你升级自己的技巧去实现它后所给你带来的乐趣也就越多。

你的想法越是疯狂庞大，你在途中遇到的问题就越多，从而也越是要求你开启和扩展。

突破不仅仅是创造力的源泉，也是幸福、安康和盛放的源泉。当我们用**手**创造事物时，会降低神经系统的紧张。因为我们看到的是可能性而不是我们头**脑**中的问题，所以我们会感受更小的压力，当我们创造的时候，往往会感到**心**里头更积极，继而激励着我们继续创造。在这个良性循环中，我们越多地参与到问题中，我们释放的可能性也越多。研究表明，我们越有创造性，我们的自尊越高并且寿命也越长！[11] 我们越是有信心，就越有准备冒更多的风险去发明新事物。我们越是开放，就越想合作并接受更大的问题。这就是行动中的盛放驱动力，连接者于其中帮助我们兴盛：

盛放驱动力

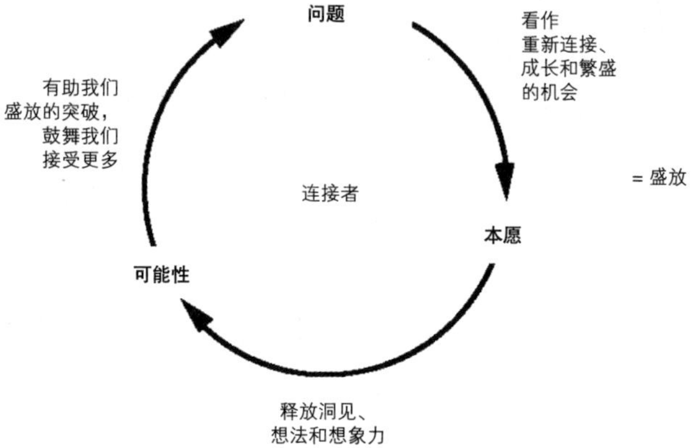

我们必须有所辨别地释放我们的创造性精神。我们可能有很多想法——尽管大胆，会给世界带来更多的痛苦和不公。“小我”可以很容易地扭曲创造性精神，编造出丧气泄能的噩梦而不是赋能的梦想。当我们发挥创造性精神的时候，可以创造抗生素，也可以创造军队。这就是为什么我们在开始形成一个愿景之前必须找到本愿。我们的创意想法要用于促进盛放而不是痛苦。这个世界已经充满了那些被匮乏蒙蔽了视野的人所创造的项目。商业领袖试图通过建立一个贪婪的商业帝国来疗愈因漠不关心的父亲所带来的创伤。在贫困中长大的企业家努力地去赚取数十亿财富并紧抓不放，以便永远不再贫穷。政客们不惜一切代价攫取权力，因为他们小时候有过的权力太少了。

所以，确保你的愿景——无论是关于你想要怎样的婚姻，你希望项目怎么进展，还是你想如何解决你社区的问题——

是出自爱，而不是匮乏。我们每个人都有责任确保我们的想法来自于一颗疗愈了的**心**，而不是一颗受伤的心；来自全心全意，而不是三心二意。

你的愿景将会疗愈、统一、恢复、滋养和启迪吗？

人类共同一起的话，可以以一种能让更多的人感到鼓舞和赋能的方式，创造性地解决任何问题。只要我们准备好放弃我们的预设（和身份地位）并寻求**三赢**，我们就能够突破任何限制。

这是突破之美的一部分。我们总是可以传播爱而不是恐惧、赋能而不是泄能、自由而不是控制。

向可能性开启

关闭的：可能性是经由血汗、泪水和大量的运气产生的。只有具有创造性的人才善于产生想法。

开启的：当我们拥抱一个问题，把它带到我们的内在，并抛开所有束缚我们的预设时，可能性会自然地浮现。创意其实不是我们的。当我们留心、注意并且能够放弃控制的时候，它们就会通过我们。

现在就开启

所以，就现在，让你的连接者加入到混合中。呼吸，放松。也许闭上你的眼睛。选择开启。

感知你的本愿，思考一个生活中正在召唤你去突破的问题。

心：通过主有它把它带进你的身心。想象你可以利用这个地球上每个人的创造性潜力。

你的身心里是什么感觉？你能感觉到创造性精神在里面燃烧吗？有什么想法或形式出现吗？

脑：你过去对这个问题是怎么认为的？其他人是怎么认为的？一旦你放弃了所有这些预设，有什么洞见出现？

人类的本性或者世界运行的方式能对你和其他人有更多的赋能，对此你怎么看？

对于这个问题一旦被突破后可能产生的情况，你能在脑海中形成一个愿景吗？

这个愿景对你自己和其他人都有好处吗？你也能给这个世界带来一点好处吗？

这种三赢是否感觉像是一个强大的愿景，可行且很有挑战性？你想要承担它吗？

手：设想一下，你想要这个愿景在 1 年后产生怎样的结果？3 年后呢？5 年？10 年？

在这个过程中，你希望自己的角色是什么？

如果你打算把这个愿景带到生活中，你的内在需要改变什么？

今天半夜之前，你能做一件什么简单事情，并且可以开始运行把你带向你的愿景？你可以研究或发现什么？你能找到一个也许能够支持你的人吗？开始！

突破性提问

如果这个问题有 11 个绝妙的解决方案，那它们可能是什么？（尽可能快地把它们列出来。）

如果我以前就已经完全搞定过这个问题，现在我会就此怎么做？

第 8 章

力 量

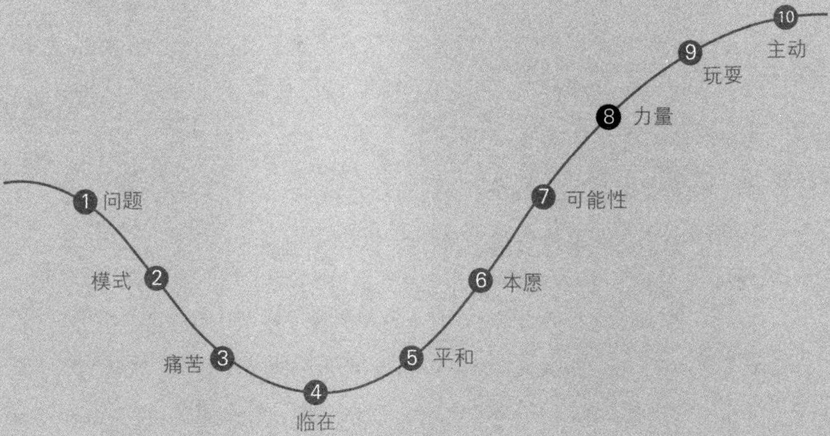

要想把一个想法带进一个通常会抵制它的系统中，我们必须处在游戏的顶端。破坏我们潜能的旧习惯是不会有帮助的，是时候运用激励我们并使我们变强的新生力量来重新布线我们自己了。这会吸引来能帮助我们实现想法的人。随着更多的人参与进来，我们的想法会自由地飞升到从未抵达的高度，并带着我们与之一同翱翔。我们越是投入于自己的创意想法，就会发现我们在这个世界上有了越多的力量。公众追随信仰。

我一直着迷于武术大师们是如何成就那种惊人的力量和敏捷功力的，尽管他们中的许多人看起来如此纤弱和瘦小。学习空手道的孩子们是如何打穿一块块坚实的木头的？他们从哪里得来的力量？答案是违背直觉的。这与他们的胸肌或肱二头肌的大小关系不大。研究表明，黑带的力量来自于他们的头脑，而不是他们的肌肉，因为他们大脑中与协调和速度相关的区域显示出巨大变化。[1]肌肉力量的表现是由心智力量（或者如我们习惯称呼的身心力量）决定的。这就是为什么有83%的运动教练认为心智力量是精英运动员成功的最重要因素。[2]

越多地训练你的身心去强有力地想和做，你就能越快地将愿景带入生活。需要更多的自信来实现你的愿景吗？没问题，你可以重新布线你的大脑来培养这种技能。想要更有耐心、更有慈悲、更有创造力以重混你的生活？这并不是天方夜谭。通过潜入破解条件反射和整合巩固的过程（参见第42页和第78页），我们可以重新布线任何东西。这是因为你的神经系统——从大脑到腹部——是“可塑的”。它不是固定的，是可以通过我们如何思考（和感受）来改变的。[3]

即使驱动它们的原始痛苦已经在爱中消解，你储存于基底神经节的硬连反应仍会继续处于激发状态。我们不能指望在保留所有的旧模式的同时保持突破。我们需要接入新生力量（一种我们有意识地选择的模式）以阻止旧模式卷土重来。没有这种新生力量，我们可能会发现自己又悄悄回到熟悉的地方。因此，让我们多多激发可塑的神经元形成新的通路，以编码这些新生力量并锁定于我们的洞见之中。这将帮助我们持续突破、日新月异，由此我们就能永远地打破生存之旅的束缚羁绊，然后用我们的双手构建我们心灵和头脑所梦寐以求的东西。

重新布线大脑

那种因被尊重或富有而得到的外在力量，只在人们愿意给我们时才能持续。一旦我们失去地位或失宠，这种力量就会消逝。正如许多被罢黜的独裁者和被解雇的高管所发现的那样，难以预料何时这种力量就会被夺走。然而，那种我们为自己所激起的内在力量，永远不会被拿走，除非我们拱手交出。放弃自身力量的最快方法是失去信心，重返**自我破坏**状态。

想象一下，在你阅读本书时，你所抱持的想法或愿景已经逐渐实现。感觉它已经发生了。想象你是使它发生的人。注意，是否你体内的某个部分——不管有多小或者多隐秘，感觉很难相信这是真的。有什么负面消极的自我对话吗？比如……

- “这不可能真的发生，是吗？”
- “有人可以，但我不行！”
- “是在做梦吧。”
- “永远不会发生。”
- “太难了。”

如果你身心的任何部分变得紧张、焦虑或批判，这只是说明你的旧模式仍然还在。一旦你产生一个可能需要你改变并承担风险的想法，保护者就会冒出一个模式。问题是，新的想法总是需要一些改变。我们必须成为那个我们想要看到的转变。所以，每一个突破都要承担风险。应激反应的进化逻辑是更多地担忧我们会失去什么，而非展望我们能得到什么。保护者很容易固着于负面的东西。

尽管创造性精神喜欢将富有想象力的可能性编织成宏大的想法和大胆的愿景，但恐惧或愤世嫉俗却可以将此娇弱的进程摧毁于襁褓之中，想法就会消失得和出现一样快。

每一个冷嘲热讽、批评批判、责备羞辱的故事都在让你丧失力量。每一个暗中削弱你表现的过时习惯都在让你丧失力量。每一个你愤怒或怨恨的时刻都在让你丧失力量。每一个依旧运作的模式都在令你泄漏能量，就像一块废电池在漏电那样。如果你发现自己总是迟到、紊乱、情绪低落、喜怒无常、怀疑、古怪、凌乱等，那么你就是在自我破坏。这是一个迹象，表明保护者正在加班加点从你真正想要的东西中吸走能量。是时候重新布线了！

曾经很多年，科学教条一直认为，一旦进入青春期大脑就不会再有太大变化了。然而，现在已经摒弃了这种观念。大脑不仅可以修剪和精简现有的神经通路，还可以创造新的通路。例如，研究表明，只要连续几周每天弹奏吉他 10 分钟，就可以改变你大脑皮层的形状。出租车司机必须知道整个城市的最佳路线，他们的小脑——一个与空间和运动有关的区域，就有所不同。甚至在健身房锻炼一次，也能改变你 DNA 的表达方式。[4] 一旦你停止了新的活动，大脑和身体就会回到原来的状态。这意味着你的身心可以从创伤中疗愈，并重新开始发展新的技能。然而，大多数时候我们却在用灵活非凡的大脑可塑性来强化旧模式，而非打造新力量。

我们可以选择在任何领域提升力量。利用模拟大脑实际运作原理的技术，你可以创造出使人轻松地变得坚定、勇敢和自信的新生力量。新鲜的、鼓舞人心的和解放性的力量创造并非发生在一夜之间，而是一个在身心中反复不断打磨的过程。你可以在几个月（而不是几年）的时间里使自己变得面目全非。没有什么是大到我们改变不了的。从自私到慷慨，从傲慢到谦卑，从防备到开启，我们可以一次一个想法、一个意象、一种情绪，有意识、有意图地改变我们身心的布线。这是个巨大的工程。

你可以通过重新布线大脑来改变你性格的任何部分。

我们用和创造模式相同的过程来重新布线大脑：条件反射和整合巩固。从某种程度上讲，我们一直都在编造自己的现实。因此，我们也不妨利用我们的想象力去发明有助于我们创造、突破和盛放的故事与感受。我们将把所有那些限制性信念调换成突破性信念……然后用我们的情绪把它们烙入身心。不过，我们是用激情去烙印，而不是用痛苦去锁禁。是爱搞定了一切，让新的力量成为我们的第二天性。

最伟大的吉尼斯世界纪录保持者

阿什里塔·福尔曼（Ashrita Furman，原名Keith，基思）是400项吉尼斯世界纪录的保持者。关于突破，他还是略知一二的。他的第一个疯狂挑战是在纽约中央公园进行24小时的自行车比赛——骑行里程最多的人获胜。经验丰富的车手计划骑行350英里左右。在其智慧老师的启发下，基思相信自己可以达到400英里，尽管他完全是一个新手。基思在比赛前10天买了第一辆自行车，骑了3个小时他就筋疲力尽了。但他没有放弃，而是决定观想并感受一下心中的火焰。然后他想象自己吸进光，呼出疲惫。他告诉自己，他的腿很痛的原因是上帝正在给它们做按摩。基思完全地开启了。在24个小时（只停了一站去盥洗室）后，他骑行了405英里，名列第三。

他想象它，他感受它，他成为它，他实现它。

你可能还记得，在希腊语中“盛放”这个词是“eudaimonia”（参见序言第21页）。这个词的字面直译是“内在有一个幽灵或友好的恶魔”。为了盛放，我们必须招募我们内在那些不那么友好、活在阴暗面里的恶魔，帮助它们释放焦虑不安。我们可以把“大腕”重新布线为脆弱的和开放的；我们可以把控制狂重新布线为享受混乱的、更自发地生活的；我们可以把玩世不恭者重新布线为重新着迷于生命奇迹的。

提升能量

你不可能仅凭告诉自己这么做就可以从“害怕”公众演讲变为“喜爱”它。如果你被恐惧和痛苦所困扰，咒语也起不了作用。保护者可比一厢情愿的妄想要强大得多。只有当你利用突破的过程放下恐惧、痛苦和匮乏时，你才能开始构建内在的力量。你已经有一定程度的力量，即使它们现在处于低水平。例如，你具备一些在公共场合说话的能力（即使只是买一张火车票），这意味着可以在这种才能上加以构建并进一步提升成为一种力量。你不需要假装喜欢做主题演讲，但你可以从鼓励自己乐于分享想法开始。然后，通过重新布线能力和释放模式，有一天你可能会发现自己成了一个专业的演讲者。更不可思议的事情也发生过。

明智的做法是发展更能助益你把愿景融入生活的能力。如果你想开始一个新项目，提升你在信任、承诺和创造力方面的能力可能会有帮助。如果你想开始约会，则增强你的自信、乐观和幽默感方面的能力会有所帮助。现在就请你的连接者帮助你找到所需的合适能力，让你在盛放之路上加速前进。然后你要把它们转变成一个可以帮助你保持开启的陈述。这里有一些**开启陈述**，你可以根据自己的情况定制以加快这个过程：

- 每一天，我越来越……健康、兴奋、连接、平和等。
- 随着每一刻的过去，我感觉更……安全、充实、有创造力、感恩等。

·日日夜夜，我变得越来越……快乐、性感、健康、勇于冒险等。

确保你的开启陈述是用现在时态，以免暗示你的身心它得要等到未来才会很棒；用正向的词语，因为大脑不能解读否定性的词语以致你可能会冒得非所求的风险。如果你对自己说“我想每天少些懒惰”，你的身心听到的是“我想每天懒惰”——不是理想的。永远聚焦于健康面，而不是伤害面。

想象力在工作

哈佛大学的研究表明，感觉或看一个动作会在内部激发与实际去做这个动作相同的大脑区域。一遍遍地重复，就强化了布线。它还会建立一种对自己的期望意识，使我们下次会再做同样的事情。在身心内部排练动作有助于精英运动员的表现。一些职业篮球员相信，想象——无论是动作本身还是看着球穿网而过——提高了他们在比赛中的得分率。泰格·伍兹（Tiger Woods）在击球前想象他的高尔夫球进入塑料洞穴后发出叮呤的打转声。[5] 反复聚焦于正面的想象能激励人们在受伤后快速康复。[6]

用积极的方式去想象未来会影响你的一生。一项对一组修女的多年跟踪调查——从她们穿上修女服到去世——的研究发现，那些在发愿出家之前对自己的未来积极乐观的人，她们的寿命比那些不太乐观的人要长得多。在那些对未来不太乐观的人中，只有34%活过85岁，而积极乐观的人中有90%活过了85岁。[7]

尝试不同的陈述。那些激励到你的话语，感觉起来会很真切，保留它们；那些感觉不太真实的话语会让人觉得虚假，放掉它们。当你表述时，选择那些释放压力并让你开放、快乐的开启陈述。理想情况下，你会激动或起鸡皮疙瘩，感觉自己像是获得了加持。重复这些开启陈述，让你的身心沉浸在与话语相联系的感受之中。我们知道，从生物学上来说，情绪会点燃整个系统。所以用尽可能多的情绪能量来放大这个过程。这是真正形成印记的时候。想象你是那个最慈悲或最守诺的版本的你，那会是什么样的感觉？然后，把你神经结构中的所有断点都拔出来并且淹没你的身心。正面的情绪越强，你就能越快地重新布线神经元。

加进一些形象化描述特别是关于最终可能结果的视觉画面，有助于促进这个过程。在中途添加一些步骤的视觉画面也是聪明的做法，特别是如果你觉得它们很有挑战性的话：看到自己选择一个苹果而不是一袋薯片；看到自己脸上挂着一个大大的微笑地为你的初创公司纳税。

你可以选择在任何时候启动并重新布线：在公共汽车站的几分钟，或者在你自己家里舒适地躺在床上。你越经常内在地感觉这些情绪，当你在压力下需要它们的时候就能越快地唤回它们。我建议你连续三周在醒来后和睡觉前这样做，看看会发生什么。你也可以在冥想、慢跑或游泳时启动。最重要的是，当你感觉自己被触发进入一种旧模式时就启动。当这种情况发生时，避免批判自己。研究表明，如果我们转入紧张，就不能重新布线。[8] 承认旧模式的出现，然后专注于新的力量，说出你的开启陈述，激活你的情绪系统。你所做的只是条件反射和整合。但如果你想抓住这种力量的话，就必须坚持操练启动！

启动不是什么魔法或巫术。它只是掌控我们自身的生化系统。

调谐

有一种普遍的说法是，如果拥有了金钱、名望或权力，那么我们就可以去做所有自己想做的事情。最终，我们将会幸福。

金钱/名望/权力→做我想做的事→感到幸福

但这种逻辑简直就是一团糟。我们知道没有人能使我们感觉良好（或不好，参见第 1 章第 51 页）。让我们感到快乐的不是金钱或名望，而是我们内在的感觉。因此，生活中的运行方式恰恰相反：我们如何感觉影响着我们所做的事情，进而决定我们拥有什么。

感觉幸福并有力量→做想做的事→

拥有金钱/名望/权力（也许）

我们总是可以控制自己内在的感受，但并不总是能够控制自己的收入或工作。通过启动，我们可能最终会赚到几百万，或者与梦中情人喜结良缘。然而，因为我们掌握了如何以我们想要感受的方式去感受，我们变得不那么在意拥有什么。人们想要拥有名望和财富以感到安全、被尊重和快乐。通过自由地在内在创造这些感受，我们可以让所有那些费劲的攫取短路，而享受当下美好。有趣的讽刺是，一旦我们停止了攫取、学会在任何我们想要的时候感受美妙，那么我们更有可能在这个世界上变得美妙，并得到我们（曾经）想要的东西。

我们总是可以感觉自己像是正在盛放……因为我们可以在任何时刻选择去感受平和、本愿和力量。

不管发生什么事，你都可以用爱、真相和创造力来回应你周遭的世界。DJ 们在播放乐曲时通常有三个调节频段：低音、中音和高音。一个优秀的 DJ 能够对每一首乐曲在三个频段进行微调，并根据人们的情绪、群体、乐曲、音响系统和空间等因素而变化，从而为舞池中人创造最佳的体验。你的**心**、**脑**和**手**就是你的频段，你可以内在地调节以调谐自己，且只有你能调节它们。你生命中的每一刻都可以用**心**、**脑**和**手**的完美组合来优化。

在接下来的 1 小时里你可以选择任何你想要的感受。痛苦还是盛放？转动那些旋钮！你可以不断地重新校准你的情绪、信念和行动来契合当下这个时刻。

你会知道什么时候已经完全**调谐**好了，因为你的整个身心会感到协调和有活力：一颗充满爱的**心**、一个激励的头**脑**和一双共创的**手**。当被这样调谐后，你就有力量内在创造你自己的现实、外在应对任何失败和灾难。你已经被完全调谐了：所有的通道都对生命打开、可用、开启。

调谐

手

脑

心

如果你感觉不到这种力量在你的身心里流动，或者如果你注意到自我破坏正在进行，这意味着你有内在**冲突**。如果你没有发现冲突并释放它，世界上的任何目标成就或显现进程都是没有多大价值的。如果你不在内**心**深处相信自己是值得的，那么在头**脑**中想象自己有10亿美元也没什么意义。如果你想“显化”某些东西，而它在你的生活中没有出现，那是因为你是冲突的。你的赋能（以及幸福）程度取决于每当你注意到反应、指责或模式时愿意如何经常地、习惯性地**调谐**那些内在的旋钮。扫描一下内部，找出那些不靠谱的东西，并调节旋钮。

对你的身心进行常规的微调会有助于你前进，就像一个舵手在船上随着风向的变化调转风帆一样。这并不意味着一切都一帆风顺。生活本身就是不确定的，有些事情本就不是注定的。任何告诉我们不是这样的人，要么是被蒙骗，要么就是一个向那些害怕未知的人兜售确定性的骗子。正是不明确性让生活变得如此令人激动。我们没法控制它！对于我们的成长和学习，“大U”自有它的议程。因此，我们所能做的就是调谐内在，并尽我们所能地对当下正在发生的事情感到力量感、创造性和满足感。

传播爱

一旦你启动并调谐，就是时候让你的人参与进来了。你的人际网络要比你孤身一人强大得多，所以投入时间和精力去激活它并保持它的健康是至关重要的。我们的网络是双向的。只有在想要从中得到什么之前先付出，它才是最健康的。这意味着，在寻求回报之前，我们要献上我们的想法、灵感，以及对我们所关心之人或寻求灵感之人的支持。继我们的身心之后，社群是我们的下一个最大的资源。在这个世界上要创造任何有持久价值的东西，都需要整个网络的协作。重要的是在网络中我们如何做自己。如果我们周围都是些关闭的人，我们更有可能关闭。如果我们和那些开放、有活力、有觉知的人在一起，他们将促使我们变得和他们一样。

你盛放所需要的一切都在你和你的人际网络中。

我们宏伟而大胆的愿景，往往会是一个其他人看不到或不想看到的问题的解决方案，或者是一个其他人都不相信甚至不能够理解的解决方案。你的生活伴侣可能已经放弃了；你的同事可能已经厌倦了。所以，为了让事情发生，我们需要带领大家一起前行。使人鼓舞和振奋的最有力方法是一个新的故事。如果人们没有领会我们的英明想法，责怪他们是没有用的。我们能做的就是看看如何调整我们的故事，以便更有效地吸引人心人智。

故事能打动人，激发人们去选择从未来中浮现的、有风险的新想法，而不是虽安全却限制性的过时信念。史蒂夫·乔布斯（Steve Jobs）、理查德·布兰森（Richard Branson）和巴拉克·奥巴马（Barack Obama）都是用可能性激励了数百万富有远见卓识的强者。阿道夫·希特勒（Adolf

Hitler）和温斯顿·丘吉尔（Winston Churchill）也是精湛绝伦的沟通大师，他们就人类和世界可以如何讲述了截然不同的故事。在文化中，不同的故事争奇斗艳，直到某一刻一个故事突破临界点，脱颖而出呈病毒式地流行。正如美国律师约翰·昆西·亚当斯（John Quincy Adams）（他成为美国第6任总统）在电影《阿米斯塔德》（*Amistad*）中说的那样："谁的故事讲得最好，谁就赢。"

然而，仅仅故事本身是不够的。那些受我们故事吸引参与进来的人们需要知道，我们自己对这个故事是全然信服、全情投入且不会加以破坏的。这事关信任。自我破坏的模式腐蚀了这种信任，让我们在需要得到支持和资源的时候显得无能为力。不要因不回邮件、失约或者违背我们的承诺这些小节而损耗了我们的社会资本（我们对他人的影响力）。因此，高度的个人**诚信**是关键。我们无法控制其他人是否会按照他们说的去做，但我们是否做到却可以影响他们。如果不坚持到底、有始有终，就会毁了我们的个人品牌。就像任何品牌一样，想要无愧于我们的承诺，所能经受得起的失信次数是有限度的。如果我们真的搞砸了，必须迅速清理（通过承认、道歉和补偿）。否则，泄能的腐蚀酸将开始破坏信任。

承诺锁定开启

每个人都可以谈论他们曾经有过的一个很酷的想法："哦，我在他们推出它之前好几年就想到了。"但并不是每个人都能让自己的想法成真。任何形式的突破都需要高度的承诺。当遇到恪守承诺的人时，你会有所感觉。他们是在内在身体力行他们的愿景。**心**、**脑**和**手**都是知行合一、协同合作的。即使没有外部力量（如财富或政治影响力），你也能感受到他们的内在力量。他们有我所称的“TFR”（Total Fucking Resolve），或者“完全彻底的坚定决绝”。

我们越是身体力行我们的想法、可能性和故事，就会有越多的人感觉到我们的言行一致。当我们身心一致的时候，我们把所有想法从头**脑**带入**心**和**手**。每一个想法都在说：“是的！这一定会发生。”我们把说变成了行。我们活在我们所热爱的可能性之中。我们感受它们、践行它们、呼吸它们、演绎它们。这就是“TFR”。当我们身心一致的时候，这种能力就被固化在我们的神经系统中，作为我们所是的一部分。我们不必记得要激情似火；我们就是激情之火。可能还会有怀疑和恐惧的时候，但这只是例外，不再是常规。当我们发展了**身心一致性**，会发现我们的力量感——影响现实的力量、突破的力量——以指数级提升。

通过承诺守信和言行一致，我们把一个突破从伟大的想法转变为一个生动的现实。即使它还没有真正在世界上发生，但我们表现得就好像它已经内在发生了一样。这就是当我们爆发的时候发生的事情：于我们的内在它是已经完成了的。它在世界上的发生只是时间问题。我们的愿景没法不发生，至少会以某种形式发生（愿景达成的样子会是怎样，既取决于我们，也同样取决于宇宙）。

人们可以感知到你内在的变化。在你的人际网络中，有人会认购你这只“股票”吗？如果你觉得他们不会买，那么在你爆发之前还有更多的突破要做。

爆发＝洞见＋想法＋承诺守信＋言行一致

人际网络的力量

我们的人际网络越是开放、活跃和有活力，它的力量就越大。这就是为什么拥有一个庞大的人际网络是职业成功的一个预测因素。[9]这不是说要认识对的人，而是说要成为关键想法、隐喻和洞察力流动中的一部分。企业家的成功——斯坦福商学院提出以创业公司的创新程度来衡量——也依赖于人际网络的开放性。拥有更多元化人际网络的斯坦福商学院毕业生，在创新方面比同龄人要高出 300 个百分点。[10]

社会关系对我们的幸福起着至关重要的作用。在一项对 1000 多名越战老兵的研究中，那些与社区有连接的人更不容易患上创伤后应激障碍（PTSD）。[11]当我们快乐和富有同情心时，它会像病毒一样在我们的人际关系中传播。据估计，每拥有一个快乐的朋友就会为我们增加 9%的幸福感，而额外的 5000 美元收入只增加 2%的幸福感！[12]有好朋友可以提升幸福感，减少患抑郁症和心脏病的概率。哪怕是一个小小的社会连接——来自一个巴士司机简单的“嗨！”——也可以延长老人的生命。[13]当我们拥有盛放的人际关系时，也就拥有了盛放的生活。

甚至我们不认识的人的信念和行为——朋友的朋友的朋友、三层以外的社会关系——也能激发我们（或剥夺我们的力量）。哈佛大学的科学家们（颇有争议地）指出，那些有肥胖朋友的人更容易肥胖，即使他们未曾谋面。幸福还被认为是从我们从未真正见过的人那里“捕获”来的。[14]

承诺令你保持开启，即使是在部分的你（害怕或疲惫的部分）想要关闭的时候。任何你变得具有反应性或防御性的时候，承诺都会把你拉回到一致的状态。

当你承诺了——切身践行了你的突破，并且没有内在冲突的时候——人们就会相信你。这就是力量的本质。

能让你克服一路上不可避免的闭塞和障碍的唯有承诺。现在扫描你的内在：

- 你在盛放吗……或者仅仅在想而已？
- 你能以全然的决心在屋顶上呼喊“我已经准备好了！”吗？
- 现在你准备好了吗……或者正在为准备好做着准备？

对于这些问题，如果你听到一个大大的“是！”，也许还夹带着来自你核心的一个深沉的、喉音的“嗬——”，就意味着你已经承诺了。

如果你听到的是“嗯……”或者“还没有”，也是完全可以的。这里没有道德，没有好坏。然而，它意味着确实有些东西会内在地妨碍我们。你有一些不一致会在你的行为、说话和感觉的方式中表现出来：也许是不合适的时机；也许是对你来说不合适的愿景；或者你内心有一些恐惧。最好在你公开地、彻底地承诺之前把所有的事情都捋顺了，而不是先承诺然后又让自己和别人失望。在你行动之前，花点时间，慢慢来。要飞跃，就全力以赴地去飞跃。

注意我们是如何常常使用“也许”、“可能”和“尝试”来避免承诺的。像这样的短语在我们的日常用语中司空见惯。它们确保万一事情不像我们计划的那样发展时我们还有一条出路。它们防止我们去承诺和被剥夺力量。一旦承诺了，我们就移除了任何可能允许我们逃跑的后门，关闭了任何可能有利于我们逃避责任的回旋余地。没有人可以是半承诺的：我们要么“开”要么“关”。当西班牙征服者埃尔南·科尔特斯（Hernán Cortés）在16世纪登陆并声称获得墨西哥的时候，他突然听说有可能发生兵变的传言。为了让他的士兵们除了奋勇向前别无选择，科尔特斯下令弄沉所有的船只，斩断退路。他们所能做的就是继续前进。

把能带你回舒适区的船烧掉，会怎样？

承诺是纵火性的。它烧掉，也摆脱掉，会熄灭火焰的怀疑。没有问号，没有“也许”，没有“某日”，只有遍及我们整个身心的、绝对的确定性。各个旋钮都已经调谐好了。

然而，承诺有一个陷阱。我们可能会过于专注于想要创造的东西，以致如果它没有发生，我们会变得失望和沮丧。我们只钟情于结果，而非发现之旅本身。人生最大的挑战之一就是当事情没有按照我们的计划发展时仍然保持坚定的决心和完全的平和。如果“小我”开始担心我们是否看起来很棒或感到快乐，我们就会开始变得“黏滞死板”。能量在泄漏，我们立即失去了一些灵活、流动，并且可能很想去控制事物，也可能会开始控制别人。这就断送了我们在危急关头保持弹性并发现新的可能性的能力。我们已经从由爱（即本愿）驱动转变为被匮乏所驱动。我们又回到了生存之旅。唉！

睾丸素：力量激素

睾丸素（以及其他雄性激素）能增进愤怒和自我中心主义，但同时也能促进男人和女人的勇气、活力、力量、自尊、自信和自发性等感觉。它可以驱使我们去寻求胜利，这在把新想法带到一个经常受到抵制的世界时是很有用的。它有利于我们在给定的处境下利用一切有效的手段去寻找实现我们目标的方法。在暴力之地，它会推动侵略；在协作领域，它会带动合作。[15]股票交易员在战胜市场时睾丸素水平会有所提升，这往往会促进更多的冒险和信心——一个被称为“赢家效应”的正反馈回路。[16]

想象一个自信的姿势，比如把脚放在办公桌上，会让我们感觉更强大并提高睾丸素水平。[17]但是睾丸素也会阻止催产素与大脑中的受体结合因而抑制同情心和连接。在孩子出生几个星期后，父亲们的睾丸素水平会有30%的下降，这让他们成为更善于养育的家长。[18]睡在婴儿旁边或睾丸更小的男性，成为更有爱心的父亲的可能性更大，因为他们的睾丸素水平较低。[19]

承诺来自身心的连接，黏滞死板来自身心没有连接，一个把我们引向盛放，另一个则导致压力和痛苦。伟大的智慧源泉之一的印度典籍《薄伽梵歌》(*Bhagavad Gita*) 可以帮助我们。甘地把这本书称为他的人生手册。《薄伽梵歌》里有这样一段话，大意是："当一个人放下他的死板，当他的身心根植于智慧时，他所做的一切都是奉献，他的作为随之消融。"

不要把注意力集中在我们劳动的果实上，而是专注于使果实成熟的爱。在结果之地，专注于意图初心。你可以下定决心让事情发生，但不管结果如何仍保持平和。

这里，"**奉献**"这个词是关键。当我读到甘地在《薄伽梵歌》上的注记时，我意识到他已全然将自己奉献给了把印度解放到"大U"的事业中。那是他能不畏艰险地保持自身力量、不致变得死板或沮丧的动力源泉。如果把你的突破奉献给"大U"，你会在几秒钟内放松下来。你不需要靠结果来感觉良好；你从一开始就感觉良好。你的行动和项目是献给"大我"的爱的礼物，而不是要得到爱。这是一个对不作为的作为的回归：为无为。

一旦我们接受了自己是生活的共同创造者，我们就能优

雅地全身心投入所有的承诺，即便在事情出错时也能放松。毕竟，我们无法控制一切。

我们生活在一个促进适应和学习的、复杂的、自适应的系统中。我们不能事后评价为什么有些事情没有解决。它可能是在教我们一些东西，或者刺激系统中的其他人拓展。我们所能做的就是向我们身心中任何完整性、一致性或承诺的匮乏开启，调谐自己并持续成长。

真正强大的是那些感受（**心**）、想法（**脑**）和行动（**手**）与真正的本愿相一致的人，那些在感到无能为力时就会启动，在感到不舒服时就会调谐自己，并且完全致力于结果而又能摒除死板的人。我们像暴风雨中的大橡树一样起舞，从未失去我们的根基。

向力量开启

关闭的：力量来自外部。当我们得到尊重和金钱时就拥有了力量。当我们拥有力量时，就可以控制人和自然，并操纵他们以确保我们的需求得到满足。

开启的：当我们与自己和宇宙连接时，力量来自于内在。当我们内在地将情感、信念和行动调谐在一起时，我们就会发展出意图、话语和行为的完整性。这种一致性赋能于我们并吸引支持。当我们承诺时，我们会调动所有的力量去促使事情发生；当我们自我破坏时就失去了力量。

现在就开启

现在，让你的连接者进入混合。呼吸。放松。或者在你选择开启的时候闭上眼睛。

心：回忆你上一次感到强大有力和掌握势态的情景。感觉如何？让这种感觉充满你的身心，把它放大到最大。

想象情况一直如此。

你能提供一个你将致力于的、以奉献形式回归“大U”的想法或项目吗？

当你这样做的时候，你能感受到自己释放出任何需求或期望……无论发生什么都只留下平和的感觉吗？

享受由此带来的原始力量的感觉。

脑：你能向宇宙宣称，你已经准备好毫不犹豫地、无条件地让改变发生吗？就现在，你能大声说“我就是那个为了拥有我想拥有的所需要成为的人！”吗？

如果不能，你能开启去成为那个人吗？

开发一些开启陈述，以帮助你构建新的力量。现在就把它们说出来，感觉赋能的情感在内在爆发。

手：在你的人际网络（家庭、朋友、同事、熟人）中找出一些你可以与之分享想法和承诺的人。

你有足够的决心寻求他们的帮助吗？你能允许自己接受支持吗？

如果合适的话，与他们就为推动事情的进展你或他们接下来要做的事情达成一致。带着同情心，尽你所能确保达成协议。

突破性提问

圣雄甘地/纳尔逊·曼德拉/尤达（选择一位能激发力量和承诺的人）会怎么感觉，为实现这个想法现在会做什么？

如果我把这个项目作为爱的礼物奉献给人类，会是什么感觉？要推进它，我下一步会做什么？

第 9 章

玩 耍

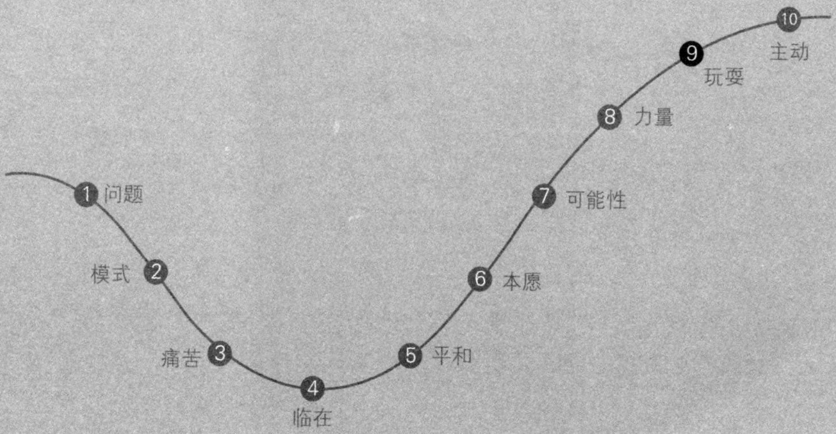

当把可能性带入生活时，我们不想让它变得过于沉重——不管我们有多么投入。严肃会引起压力，而压力会引发关闭。玩耍能让我们在经历惨败和沮丧时保持灵感。玩耍能让我们即使在面对看似不可逾越的问题时保持创造性。玩耍是大自然的学习方式。我们可以在混沌的边缘闲逛——其实是在享受它。玩耍给了我们一种孩童般的乐观和自由感，它可以帮助我们从压力和恐惧中爆发，进入自由的生活。每个项目都是一个让你在沙箱中乱踢一番的机会。投入、全心全意、专注地去做；不过玩耍依然！

有一个重大的突破并不是一种轻松生活的保证。我们可能在突破曲线上过于超前，以致要花一生的时间等待人们赶上来。莫奈（Monet）在他大部分的生涯中是被嘲笑的。梵·高（Van Gogh）因其一生只卖出过一幅画而闻名。尼古拉·特斯拉（Nikola Tesla）是他那个时代最伟大的发明家之一，他帮助发明/发现了无线电、霓虹灯、无线通信、X射线和电流，死时却一文不名。

当谈到我们的突破时，我们的生活伴侣可能需要几个月的时间来熟悉我们的新计划。孩子们可能会抵制我们所热衷的育儿方面的突破。银行经理们可能从来没有领会我们的颠覆性商业理念的本质因而不想为它提供资金。甚至是关于可能性的最扣人心弦的故事，有时仍然会遭遇太多的障碍挡道。

当引领家人、朋友或工作上的伙伴走向新的愿景时，我们也必须引领自己。我们必须掌握情绪、能量水平、休息时间、节律、环境，以及任何其他东西以确保自己保持最佳状态。如果我们变得精疲力竭或者气馁，就会陷入困境。正如斯多葛学派的哲学家（曾是奴隶）爱比克泰德（Epictetus）所说的那样，“没有人可以是自由的，直到他能掌握自己”。

玩耍是精通这种掌握的一个强大透镜。玩耍让我们在探索推动事物发展的方法时保持好奇和兴奋。就像我们在混沌的边缘闲逛那样，玩耍让我们在紧张和放松、活动和休息、“小我”和“大我”之间保持一种生物动态性上的和谐。我们令自己保持开放、通融、专注、想象、投入，随时准备迎接另一个突破。

发现青霉素（一项挽救了数百万人生命的突破）的生物学家亚历山大·弗莱明（Alexander Fleming）是一个大玩家。他热衷于棋类游戏、台球、高尔夫球等，还有许多。他喜欢纯粹为了好玩而做研究。“我跟微生物玩，”他这样描述自己的工作，“打破规则、能够找到没有人想到过的东西是非常令人愉快的。”获得诺贝尔奖的科学家理查德·费曼（Richard Feynman）在选择玩物理而不是在从事物理工作——把自己变得有点太严肃、太紧张了——后取得了最重要的突破。[1]

我们是天生的玩家

早在20世纪30年代，一位荷兰历史学家兼哲学家约翰·赫伊津哈（Johan Huizinga）提出，与其说我们是“智人”，不如说我们实际上是“玩人”。他认为，作为一个物种，我们成功的核心乃因我们是玩家而不是思想家这一事实。[2] 玩耍是大自然帮助动物学习的方式。人类的孩子比任何其他物种玩得都多。他们在玩耍中发展出了让我们的物种进化的想法和技能。就看一个2岁大的孩子是如何学习在平板电脑上获得他想要的东西的吧。

即使生活在贫困中，孩子们仍然会优先考虑玩耍而不是其他任何事情。他们会捡起周围任何零碎的东西用来玩游戏。教育研究人员苏格塔·米特拉（Sugata Mitra）表示，在印度的一个只有一部台式电脑（没有其他指令）的小屋子里，孩子们不需要很长时间就能够用电脑做事情。更令人惊讶的是，有些孩子还能说一些基本的英语。[3] 对他们来说，这不是工作，这是玩耍！

只有当你选择是玩耍而不是工作时，你的创造性活动——无论是性爱还是立业，才能达到它们的顶峰。正如伟大的德国哲学家、诗人弗里德里希·席勒（Friedrich Schiller）所写的那样：“人只有当他是一个人时才玩耍——在这词语的全部意义上，并且，只有当他玩耍时才是一个彻底的人。”[4]

然而可悲的是，我们孩子般的、想尽情去玩的那种旺盛精力，却被不赞同的父母、老师、经理和爱人们逐渐削弱了。最可悲的是，它是通过我们自己的不抱希望和自我判断而丢失的。我们可以很容易地失去一个孩子所有的那种尝试新东西的快乐，并代之以思考可能会出现什么问题的恐惧。这种恐惧看起来像是“紧张”、“现实”或者“担忧”，然而这些不过是关于恐惧的华丽辞藻。最让我们感到恐惧的是“我们……

失败了！”

这个念头。

在你的头脑中重复它几次。当你说出它的时候，身心有什么感觉？你能记得你发生重大失败的那一刻吗？有没有什么耻辱、羞愧、尴尬？

把这些都随着呼吸呼出去，重新连接，然后继续阅读。

可能，失败的概念带着一些负面的味道。在大多数文化中，失败是不受欢迎的，我们已经条件反射地逃避它。我们的社会叙事规定了胜利才是有价值的，我们所参加的每一次考试和竞争性求职申请也都在直白无误地告诉我们这一点。我们在关系、约会、创意项目或公司方面的失败招来的嫌弃都在强化这种内在的痛苦-模式晶体，并敦促我们避免哪怕只是可能的失败。所以我们宁可待在舒适区而不去冒险取得突破。然而这种做法本身就潜藏着失败。

我们活着是为了玩，玩是为了活着

对儿童大脑发育的研究表明为什么玩耍如此重要。玩耍能加速大脑的发育，并帮助修整神经系统。它刺激了有关奖赏和快乐的多巴胺通道，提升了我们寻找新事物和新想法的兴趣。它驱使我们进行实验，而没有危险或压力感。玩耍能激活大脑的前额皮层，增强我们应对复杂情况的能力，而不是去反应。[5] 玩耍帮助我们为未来做好准备，并为成功布线神经通路。

生物学家发现玩耍是整个动物王国不可分割的一部分。原来，大多数动物在玩耍的时候学习效果最好。鳄鱼、蜥蜴、鱼、鸟和哺乳动物都玩耍。事实上，年轻的动物每天消耗在玩耍上的卡路里占比可以高达15%。这意味着玩耍在进化上还是“昂贵的”，所以它必然是重要的。在动物王国中很常见的是，玩耍是为了自身的利益，是为了享受自愿加入的。[6] 动物在压力过大、不安全或饥饿时不玩耍。

失败的自由

即使在没必要时，“小我”也倾向于将事情视为失败。它倾向于忽视小的胜利，不由自主地聚焦在避免错误（危险）而不是可能的事情上。然而，我们可以对此重新布线。

托马斯·爱迪生（Thomas Edison）以发明电灯闻名，注册了超过2000项专利。他在1847年的《纽约时报》上说：

“我没有失败过700次。我没有失败过。我成功地证明了这700种方法行不通。当我排除了那些行不通的方法，就会找到可行的方法。”如果爱迪生一直担心万一这次没有得到破解就会遭受失败，他会发明这么多东西吗？对他而言，只要他还在学习、成长和适应，就不可能失败！

我们也可以重新框定失败对我们意味着什么。对我来说，当一个想法“失败”的时候，它仅仅意味着我的预期结果没有实现。这并不意味着我或者其他人，是坏的或错误的。这只是一个学习、调整进程然后再试的机会。如此，每一个失败的实验都可能是一个突破的机会。比如说我尝试用一种新的方式来回应我的妻子，而它实际上使我们的冲突升级，那么下次我就学习并尝试一些新的东西。

青霉素的发现是因为弗莱明未能成为一个“好”科学家并使他的设备保持无菌。一个皮氏培养皿被污染了，然后，嘿，你看，10亿生命被拯救了。“便利贴”——已经赚了超过10亿美元——的出现是因为发明者未能制造出足够强力的胶水。Flickr（网络相册）是以一个在线视频游戏起家的，结果失败了。他们发现照片分享这个元素倒是很有共鸣，所以把业务“转轴”了一下，最大限度地利用了这个元素。如果我们不气馁或自我消沉，总有一种方法可以将失败转化为成功。

你本来就比你自身强大得多。你不需要任何外在的成功来证明自己。一点都不需要。你不需要赞扬和奖励来加以确认。你是宇宙的一个独特的孩子，同样令人惊叹的数十亿个之中的一个。通过每天表达自己的本愿，你就是在做为拥有一个“成功的生活”需要做的全部事情。因此，如果你的一个新想法“失败”了……看看哪里出了问题，在内在调整任何不协调的东西，然后探索接下来可能发生什么。

感受一下当你知道每一个目标、愿景、计划——无论多么严肃——都是一场游戏时是什么感觉；感受一下当你知道每一个对生活的创造性回应都是一个实验时是什么感觉；感受一下每当你把事情搞砸时就开怀大笑时是什么感觉，记住这就是——

玩耍时间！

研究表明，那些学会如此对待失败——既有效又玩耍地——的人往往更健康，并且无论是在学校、运动还是销售方面都更成功。[7] 一旦你的自我价值不再束缚于向人们证明你是成功的，你就可以收回你孩子般（不是孩子气）的玩耍能力。没有了可怕的后果会让你变得更轻松活泼，让你远离生存之旅并处于学习地带。从很大程度来说，我的咨询公司帮助组织创新的工作更多是关于如何让人们内在地允许自己玩耍。我们给他们一个安全的空间以释放他们的预设和观念——尽管短暂地，然后使之接纳完全不同的想法并构造新活动的原型。

即使你的愿景很重要——可能是阻止孩子被虐待，也不意味着过度紧张会有什么帮助。这种“积极分子情结”是一个容易掉入的陷阱。当我开始认为我在用我的项目“拯救世界”时，我立刻变得更加紧张、俨然和死板。这降低了我创造和适应的能力。把目标当作游戏来对待，即使破产或死亡是潜在的负面结果，也会把你从阻止你盛放的、神经生物学意义上的生存之旅中解放出来。

借用软件开发的一个术语，生活就是不断的“测试版本”，我们永远得不到最终产品。总是有更多的东西可以迭代和改进，总有另一个游戏可以玩耍。正如宜家的创始人英格瓦·坎普拉德（Ingvar Kamprad）所说：“只有睡着的人才不会犯错误。”

只要我们在学习，我们就是在盛放！

在混沌的边缘盛放

当你要跳越一个深沟时，往下看自己可能掉得多深一定会有点害怕。当我们冒险时恐惧是存在的，而所有的创造性都伴随着冒险。对每一个新的职业道路、兴趣爱好或激情项目，我们都面临着为未来可能创造的东西而失去现有的东西的风险。创造性地生活充满了风险。然而，在一个变化如此之快的世界里，一成不变地处世接物就跟尝试新事物一样都要冒风险。

如果伴侣在成长，而你保持不变，你们就不可能一起盛放。同样，坚守着在20世纪80年代有效的商业模式可能比创建一个未经证实的商业模式风险更大。没有绝对安全无风险的选择。就是这样。复杂性科学、系统思维和量子理论等新兴领域都指向了一个令人不安的事实，即我们周遭相互联系着的世界不能被精确预测，不管我们对它知道多少（几个世纪以来许多智慧导师一直在这样说）。我们只能知道概率，而不是确定性。这意味着我们总有一些不能成功的风险。

在混沌的边缘，旧系统中的“原子”形成了新的“分子”，没有什么不可变通的答案。因此，如果想在这个复杂的、充满挑战的世界里盛放，我们必须学会如何享受在这里闲逛的乐趣。有时周围的环境要过好多年才能赶上我们。这可能意味着好几年没有很高的收入、没有朋友的欣赏，或者得不到伴侣或父母的支持。正如亚马逊首席执行官杰夫·贝索斯（**Jeff Bezos**）所说：“要进行颠覆性创新，你必须甘愿长时间被误解。”因此，为了在混沌的边缘盛放，我们需要习惯在成功与失败的间隙中玩耍。

在这个间隙里，我们要保持觉察、留意和专注……同时也要宽松、灵活和好奇；我们要对可能性开放，同时也要致力于产生影响。这让我们能够获悉周围世界的微弱信号，并对其快速作出响应。一旦突破出现，无论是通过“失败”还是“成功”，我们都做好了准备去抓住它、利用它。这需要“大我”和“小我”一起和谐地工作、享受，然后保持、突破。在超级意图（把事情做成）和臣服于一切（放弃旧的和接受新的想法）之间，是一个持续的往复循环。

这种振荡不只是发生在我们的行为中。研究表明，我们的大脑每分钟在主动和被动、投入和释放之间大约要往复 180 次。[8] 大脑在创造之时即处于混乱的边缘，它在有序和无序之间摇摆。没有一些稳定性、一些基础，我们就不能以具体的方式思考任何事情，仿佛身处云雾之中；稳定性太多、既定模式太多，我们就不愿意突破，就不可能涌现任何可能性。

当我们在凯旋和悲剧、秩序和混乱之中真正感到喜悦的时候，我们就会感到充满活力。这是一种完全不受他人看法影响的喜悦，不管他们对我们还是对我们的工作是否欣赏。这种喜悦来自于知道我们身处地球上最伟大的表演之中，是一种处在创造性边缘的体验。我们不把失败当成是个人的，也不把成功当成是个人的。它们都是一个伟大游戏的一部分，玩耍于其中是一种乐趣。我们变得极度感恩——不管现在我们拥有什么、不管嫉妒的红眼或怨愤的赤舌多么蠢蠢欲动。只要我们是开启的并创造性地参与到生活中去，就没有任何合乎逻辑的理由去抱怨。

这一切都在于……时机

突破是一场马拉松，而不是短跑。把一些绝妙的东西带入这个世界需要时间。我喜欢遵循道家的建议：像山一样思考。虽然兴高采烈的“啊哈！”时刻是史诗般的（参见第182页），但安静地超脱几个星期、几个月或几年，也一定会颇有收获和乐趣——如果我们能够坚持下去的话。在长期有意识的、投入的活动中，你需要照顾并管理好自己的能量水平。如果你变得忙乱或精疲力竭，就很容易引发一连串的反应，把你拖向精神崩溃、愤世嫉俗或绝望。

心理学家吉姆·洛尔（Jim Loehr）——他曾对包括莫妮卡·塞尔斯（Monica Seles）在内的数百名顶级运动员展开访

谈——认为，足够长的恢复期是保持你比赛中巅峰状态的关键。[9] 当生活在混沌的边缘时，我们需要及时筹划来放松和恢复，然后确保我们享用它。研究表明，休息时间是保持创造力的关键。[10]它使我们身心内部有限的专注力得到补充。我们不能无限度地专注于某件事。

在大量的活动和大量的休息之间控制好“节律运动”，保持作为和不作为之间的阴阳平衡极其重要。理想状态是将努力工作和休养生息都看作一种玩耍。我们需要节律的所有部分来突破和爆发。思潮如涌和兴奋激动是较为短期的，接着是更长时间的努力、犯错、障碍，以及持续以投入、严谨和专注为主的挑战。对于创造性的生活、工作和爱，两者都是不可或缺的。两者都有助于突破性生命的节律。

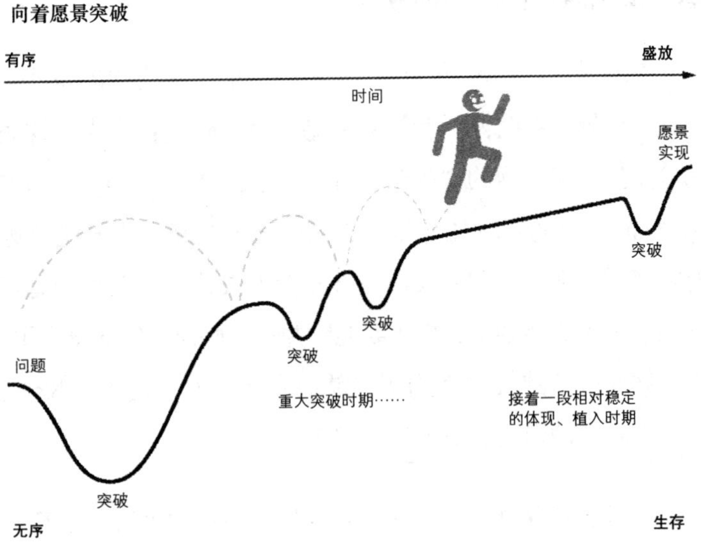

你要找到长期保持精力和活力的方法。通常在最初的突破和结果出现之间有一个停滞阶段。任何类型的“项目”都可能需要数天或数年才能取得成果。如果你有了一个关于癖好的突破，它仍然需要一段时间才能体现出来。如果你有了一个关于跟你父母关系的突破，那么等一段时间到了节日一起聚餐的时候，会让这种转变更自然些。洞见和想法是相对容易的部分。挑战在于任凭遭到批评、资源匮乏或精疲力竭我们仍能保持足够的活力继续下去。压力太大，我们会瘫倒；压力太小，则可能会迷失，转而去找一些更有趣的东西。

发现你自己的独特节律——通过调和努力和休息达到最佳状态——至关重要。有些孩子在6个月大的时候就会爬行，有些则要到1岁甚至更大才会。不能以任何其他人的节律来对你的节律加以评判。我的一种休整方法就是看高质量的电视剧。经过整整一天的创造之后，我最喜欢做的就是舒适地仰坐着一两个小时让自己沉浸在这些另类世界里。这样做的时候，我能感觉到自己在更新。有些人会因为我看了很多电视而批评我。然而，他们不是我；他们不做我的工作，也没有我有的愿景。所以我必须找到适合我的方法。一个跑步机上的爆发、一阵树林里的漫步、一夜的狂欢或者一个客厅舞会（把房子里所有成员都请来），都是我的休整仪式列表中占据首位的几项。

然而，那个老是调皮的“小我”想要有了一个突破后立刻看到它在现实世界中的好处。它对回报缺乏耐心，无论是奖金还是掌声。它喜欢给事情定时限，试图在只有可能性的地方创造确定性。如果没有立即得到结果，它就会嚷嚷着要退出。要注意这种自我对话！感谢保护者为你留神提防，并询问连接者是否可以来帮助你维持心流状态。

每件事都有其合适的时机。想象一朵美丽的玫瑰在春天含苞待放。不管你多么想要它快点盛开，哪怕是撕开了花蕾，它也不会开得更快，你能看到的只是黏糊糊的绿色黏液。然而，你可以为玫瑰的盛开创造最好的条件。你可以给它提供养料。你可以把它移到一个极好的位置以获取足够的阳光。最重要的是，你可以修剪它，以确保它所有的激情、所有的可能性，都投入到史诗般花朵（而不是老梗）的创造中。然后，只要一点点好运，过不多久你就能欣赏到盛开的花朵了。记住，是大地，不是我们，把花儿推向天空。我们只是照料花园，等待合适的时机剪枝、种植和施肥。

每一个突破都是一个鲜活的在制品。我们所有的项目都是暂时的。每一个都有其缺陷；每一个都处于一种“wabi-sabi”的状态——一个日语术语，意思是“不完美的完美”。

如果你等待、投入和玩耍，机会之窗终将开启。然后就任凭你

跳！

小心，窗户很快就会关上。系统处在连续不断的变化中。等待太久，世界就将远在前方，你的突破可能不再适

用；延迟太久，又面临你的老板/爱人/朋友/团队伙伴已另辟蹊径前行的风险。当你的时机到来时，不要迟疑；当直觉告诉你这是合适的时机，一旦错过就可能永远失去时，你必须跳。

直觉的闪现

在突破的旅程中，我们会被要求做很多关于下一步该做什么的决定。现在就离开我们的工作，还是等上几个月在业余时间再运行项目？预订一次家庭度假还是为养老金储蓄？做这样重要的决定通常的情况下会用一种固定的信念（如一个固有的意识形态）、精心策划一个策略或者问别人该怎么做。

现在，一个有用的指南是利用研究成果或专门的知识。这就是为什么我引用了这么多的科学研究。获得反馈是件极棒的事，这也是我会定期地和许多最富灵感的朋友进行教练式谈话的原因。然而，如果我们仅仅依靠某种教条（预先包装或已被认可的一组信念），则会错过此时此刻正在涌现的东西。甚至，假设性地讨论我们在某种情况下会做出什么样的选择也不是那么有用（这是大多数道德哲学以及棋盘游戏规则所做的事情），因为它与此时、此地无关。在这个宇宙的整个历史中，从未有过与这一时刻相同的时刻。那么，由去年的研究，或者上个世纪的规则，怎么能准确地确定下一步该做什么呢？

这并没有阻止人们老是使用意识形态、教条和统计（当然总是来自过去）以让自己看起来是正确的。如果我们遵循意识形态规则或研究证据，那么即使遭到批评也会有所依赖。“小我”喜欢教条，因为即使我们错了，可它看上去仍是正确的，因为我们遵循了规则。然而，在一个不断进化的复杂世界里，没有哪个以前的想法能够一直保持合适。不管这些规则有多好，如果不能随着时代的改变而改变，它们就不能保持适宜。

所以你必须找出如何用你的整个身心去感知下一步该做什么：逻辑、情感、理性、研究、洞察力、直觉，所有这一切。你的**心**和**手**有着跟你的头**脑**一样的价值。正如17世纪的法国哲学家布莱士·帕斯卡（Blaise Pascal）在他的著作《思想录》(*Pensées*）中说的那样，“人心自有其理，而理性对此一无所知”。当你的**心**、**脑**和**手**都被调谐好时就会发现“来自内在的知识”——直觉的字面定义。

你的内在有两个强大的导航来源。一个是由生存动力驱动的，这是**本能**；另一个是由盛放动力驱动的，这是直觉。每个具有不同的动力，知道哪一个正在导航至关重要。保护者的声音——本能，通常会更响、更紧迫、更“大喊大叫的”。本能对于应对真正的威胁非常有用，但它极大地限制了创造性、开放性和灵活性；连接者的声音——直觉，将保持清晰、肯定和共鸣，但它不会变得易于激动。它是一个“镇定的小声音”，当你关小了那个“小我”喋喋不休的唠叨去聆听的时候，它就出现了。

由直觉指引的奴隶解放者

在奴隶制时期，逃亡的奴隶哈丽特·塔布曼（Harriet Tubman）依靠直觉指引，找到了通向美国北部州的自由之路。她把它叫作“上帝的声音”。她跟随这个声音逃过了几周的追捕。当得到了安全后，她没有独自享受自由。她至少19次回到了奴隶制的南方，冒着被重新抓回、折磨和再次成为奴隶的危险，帮助其他数百名奴隶获得了自由。仅仅依靠直觉的指引，她把人藏在河床、田地和树林里，以避开那些一路追捕他们的奴隶抓捕者和他们的狗。于最不可能的机会之中，她却从未被抓到过，这让她成了“地下逃亡线”的领导者，以及联邦军队的一名间谍和游击队代理人。她是第一位在军队中服役的非洲裔美国女性。[11]

直觉——灵感之源、我们内在的声音，或者任何你想叫它什么，一旦我们听到它，就会有一种完全真实的感觉。往往会有一个很小的能量闪现，告诉我们已经跟它重新连接。这是一种微妙的冲动，告诉你在世界和你之间、在“大我”和“小我”之间有了一个匹配。直觉地生活——等待感知这种闪现，是一种艺术。你会从本能的恐惧中分辨出直觉，那是一种激起鸡皮疙瘩的神经抽搐。

如果你不确定那是什么，也没有必要感到有任何压力要立即采取行动。在你采取行动之前，等待自己变得积极是值得的。你可能习惯于信赖考试成绩、文凭、媒体故事、文化规范，以及各种教条来开解你的“相信直觉可能会很尴尬，甚至是格格不入的”这种结论。然而，直觉对于一个反应灵敏的、生物动力学的以及适宜的决策是至关重要的。它如此重要，甚至连美国海军也在研究它，以帮助士兵在战场上做出更好的决定。[12]

然而，远非一种模糊的预感，直觉是可以检验的。它们很好地经受住了别人的反馈。人们可以通过观察和聆听来辨别我们是否调谐、一致和富于直觉。你并不是在征求他们的意见，只是让他们告诉你是否觉得你是协调的，以及你提出的方法是否与他们产生共鸣。直觉不会在朋友的严密审视下动摇，只可能是变得更强大。另一方面，本能又易于改变，这取决于我们在和谁说话，以及他们是否会触发我们内在的任何恐惧。

我们越多地让“大我”为“小我”提供直觉，我们的生活就变得越原汁原味、富有诗意和真实。

我们是“既/又”

在我们沿着突破曲线上上下下的旅程中会遇到许多悖论。我们如何既对我们的行为负责，又诚服于宇宙的指引呢？如何既要放下又要有创造力呢？为什么玩耍能帮助我们实现改变世界的目标呢？如何能一方面主有我们的问题，另一方面又不主有突破这些问题的想法呢？我们如何能既是一个“小我”同时又是一个“大我”呢？

调和这种对立永远是让哲学家们头痛的问题。西方最早有记载的思想家之一，赫拉克利特（Heraclitus），就如何克服生命的自相矛盾、两极对立性给了我们一个提示：“他们不懂它是如何在相异于自身的同时又与自身相一致：协调地来回拉伸，就像弓和七弦琴那样。”

七弦琴是一种古老的乐器，吉他可说是其现代版的对应物。想象一下，在吉他弦的两个端点——两个对立面——之间存在的那种张力、那种潜在的富饶的可能性。

弹！

那就是我；这就是你。我们的生活就是生命之弦在生存和盛放、毁灭和创造、崩溃和突破之间拉伸的振动；人类就是分离与连接、“小我”与“大我”之间和谐的张力。在我们生命的每一秒，都可以在与人类所有终极体验的调和中弹琴、歌唱、舞蹈和欣赏。通过实践以及内在的工作，我们可以把玩这种创造性的张力。随着我们在这千变万化的共创的流变中成为一体，我们可以学会如何调弦。

创造性张力中的生活

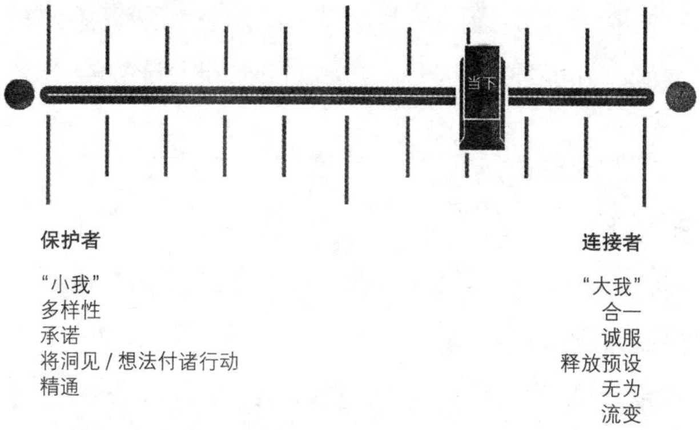

似乎整个宇宙都存在于两极对立之中。光，地球生命的能量来源，作为一种波在两个极端之间运动。我们体内的神经在两个电荷极性之间振荡。我们的情感在爱与恨、快乐与痛苦之间流变。在有威胁或危险的时刻，躲进自己的内在有利于我们生存；在安全的时刻，高效、自信和想象力能帮助我们盛放。[13]在一项对 91 名杰出创意人士的研究中发现，有创造力的人精力充沛但经常处于休息状态；精明但又开放，甚至天真；自律但又爱玩；对不可能的东西富于想象但对可以做什么又很现实。[14]

这并不是非此即彼，不是努力工作就是闲逛，而是既努力工作又闲逛。我们可以既是嬉皮士又是潮人，既无情又放松，既是企业家又是开明人士，既是神秘主义者又是大师。我们可以获取“大我”无限的创造力，同时以“小我”的有形力量向世界交付项目。就像把交叉渐变器放在中间混合两种音乐，而我们全然地生活在这种混合中。在西方如此流行的二元对立（参见第 110 页）——以“不是/就是”为中心，在“大我”的合一中融化了。一切都是“既/又”。

我们既是“小我”又是“大我”。我们既有绝对的自由意志又没有任何控制。我们在之间的空间中玩耍。

我们的理性头脑可能会被这种想法弄得有点头晕。“小我”要把握“大我”的深广不是轻而易举的。然而，你整个身心对“你是‘既/又’”的想法有什么感觉？感到开阔了吗？感到直观准确了吗？

被称为“公案”的禅宗谜题可以帮助我们抛开分析理

性，拥抱思想和情感的合一。禅师会给学生一个特定的公案来冥想。一个著名的公案是："一只手鼓掌的声音是什么？"公案不能通过单纯的思考来解答。它们只能通过与"大U"的连接来化解。一旦学生懂了——用整个的身心，他们会有片刻的领会、开悟。

奇迹！

难题解决了。过开启的生活——致力于改变而又持续地抛弃控制——对我们所有想要帮助这个世界盛放的人都是一个强大、终生的公案。我们平衡了傲慢（"我足够强大，可以改变一切！"）和谦逊（"我是谁啊？能改变什么？"），并把它贯穿于改变世界的尽情玩耍中，享受做的过程。

正如哲学家室利·尼萨伽达塔·马哈拉吉（Sri Nisargadatta Maharaj）所说，"爱说，我是一切；智慧说，我什么都不是。我的生命在这两者之间流动"。

向玩耍开启

关闭的：玩耍是儿童的事。做出改变是很艰苦的事情。我们必须与人抗争才能得到我们想要的东西。失败是令人尴尬和毁灭性的，必须不惜一切代价加以避免。我们应该在理性信息的基础上决定如何前进。

开启的：玩耍让我们在做出改变时保持兴奋、精力充沛和富有想象力。我们可以以玩耍的态度对待任何挑战，并找到更好的解决方案。失败是勇敢的人做实验时发生的一种现象。我们要基于自身的直觉和来自周围世界的洞见玩耍着做决定。

现在就开启

邀请你的连接者进入混合。呼吸。放松。选择开启。感觉你热情洋溢的直觉。

心：什么样的情感会激发你最大的好玩心和好奇？要回到那种感觉你现在需要放下什么东西吗？

你能听到你的直觉告诉你下一步做什么吗？检查你的任务清单，让直觉告诉你做什么是合适的。

当你浏览清单时，辨别直觉和本能之间的区别。在你的身心中感受它们有何不同。

脑：你对失败有什么样的定义？现在你自己来定义它。

现在来定义一下成功是什么样的。不断地重复定义它，直到它感觉起来既令人开心又有激励性。

你曾有过什么样的生活信条，可以在这个独特的时刻放下而真正地临在？你对如何在世间做出好的决定会有什么样的预设？

你能放弃别人的认可、相信自己的直觉吗？

手：你是否感觉到你可以为你的环境做些改变，从而能引发更多的创造性、平和和乐趣？你是否有任何日常的例行事项帮助你感觉有活力，然后可以放大？在这周的日程里你预留了怎样的恢复时间？

你的节律是否与你周围世界的节律相匹配？你能调整吗？

现在，感受你的整个身心，你有什么想法和愿景的窗口已经打开？你准备好跳了吗？

你今天能做什么，或者至少在这个星期，以确保你完成跳跃？

突破性提问

- 我怎么才能更多地享受这种体验？
- 如果我是一个孩子，我该如何对待这个问题，以尽可能地获得最大的乐趣？

第 10 章

主　动

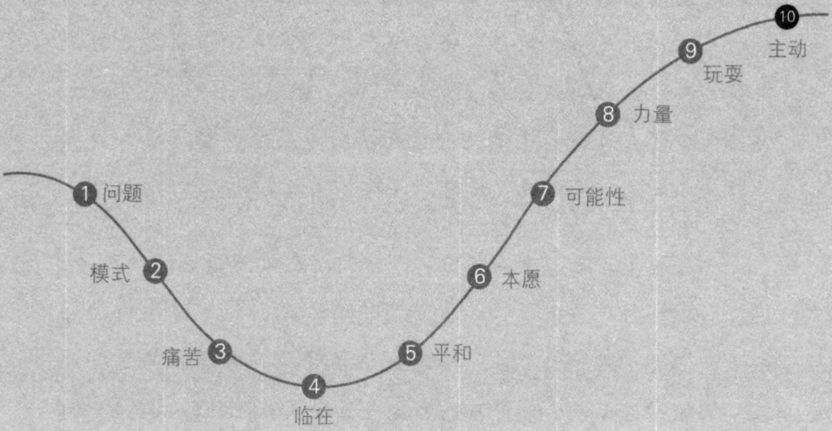

我们突破的问题越多，就能释放更多的能量和创造力来承担更大的挑战。通过全身心地投入到这个世界的现状中去、勇于以爱而不是评判去挑战现状，我们就可以一起共同创造一个辉煌的世界。我们可以成为社会的一部分，在这个社会里所有人都能盛放，而不仅仅是1%或0.1%。有了数字技术和同僚网络的帮助，我们完全可以在此生实现这个目标。人人为我，我为人人！

当我还是一个在非洲农村教书的青少年的时候，我遇到了来自哈佛大学的西洋双陆棋冠军。在好几个烛光夜晚中，他把游戏的秘密教给了我：虽然表面上看这是一场关于运气的游戏，但积极主动的态度总会让你赢多输少。他的见解是这样的：无论骰子怎样掉落，利用每一个回合为你的下一回合获得最大的可能点数祈祷，即使这会让你当下面临风险。生活也是如此。始终选择能开放新的可能性领域的选项。通过主动地投入挑战来保持你的选项的开放，然后总会有弹性和回旋的空间。

如果不主动参与到问题中去，我们就有被问题淹没的风险。问题会以一种狡猾的方式在我们没有意识到的情况下偷偷逼近我们。崩溃从来就没远去，除非我们主动地扫描内在的不安定或不舒服的迹象，以及外在的和这个世界不匹配的模式的迹象。我们总是可以选择是往上走去突破，还是让自己滑向崩溃。

另一方面，我们每代谢一个问题就多挖掘出一些我们的潜能。突破成为唾手可得的最令人兴奋的游戏。正如路德维希·凡·贝多芬（Ludwig van Beethoven）所说的那样："在我尚未感到把我的使命全部完成之前，我觉得我是不能离开这个世界的。"

是启程的时候了！

驾驭边缘

当冲浪者在海里、一个巨大的海浪正在接近的时候，他们有两个且只有两个选择：驾驭波浪或者冒被它吞没之风险。虽然驾驭海浪很有挑战性，而被它卷到底下则是灾难。如果想要驾驭一个新的、令人激动的突破之浪，你需要掌握如何保持在游戏的边缘。向冲浪板或滑板边缘方向前倾，你会滑得更快；离开边缘方向后倾，你就会慢下来。你是否承担了太多的挑战？还不够？只有你知道你的边缘在哪里。只有你知道什么时候是在用尽全力，什么时候是在轻松滑行。

驾驭突破曲线

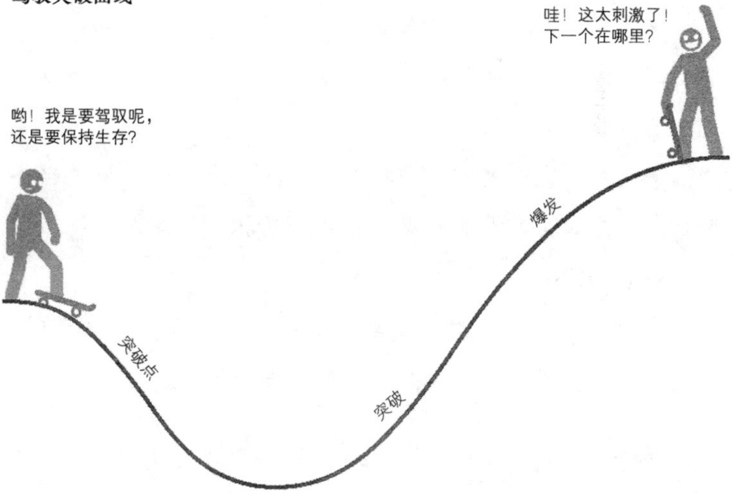

一旦你找到了你的边缘，你就可以驾驭一条又一条的突破曲线而不会感到不知所措或无聊。如果事情进展得太快，你可以通过重新连接来减速，也许是通过冥想、长时间的野外散步或者去狂欢一场。如果事情变得无聊，那么你所要做的就是选择一个你一直回避或忽视的问题，并把它带入内在进行新陈代谢。你可以在任何时候通过承担另一个问题来促成一个突破点。通常不缺亟待解决的问题：

- 你是否完全爱你的思想和身体？你有什么遗憾（遗憾是指你还没有与之和平相处的故事）？
- 你关系网里的人是否都在盛放？你有什么需要疗愈的友谊或关系的破裂吗？
- 你在烹饪、创作或做爱方面完全表达了吗？你的生活是否充满了合作和创造力？
- 你在工作或玩耍方面有什么感到卡住的地方吗？有什么你还没放开、还在阻碍着你的童年挫折吗？你有忽略过任何一直在召唤着你的挑战吗？
- 你是否完全处于工作状态？你在一个正在改变着世界的组织里发挥全部潜能了吗？你是否承担了你对工作或组织的任何负面影响？
- 你觉得把时间都花在与自己的本愿一致的地方了吗？你是否正在做着与你最崇高的志向相关的项目？

就像冲浪和玩滑板一样，承担更大的问题并把它们内在地代谢成难以置信的可能性所带来的快感是很令人上瘾的。一项涉及 10 万人的大型研究表明，与问题打交道是富有意义的人生不可或缺的部分。[1] 当问题伤害我们的时候可能不会很愉快，但我们总是可以让它们变得有意义并因此得到成长；我们无法控制它们何时来袭，但我们总是可以保持滑板——我们的身心——边缘的敏捷性，随时准备骑乘。

这感觉可能有点像过山车，上下起伏，但这就是完全活出生命的现实。波浪和山都一样，有上，必然有下。创意激励我们欢欣鼓舞；障碍则触发沮丧挫败。这正是盛放的创造性张力，我们强烈地感受到人类体验的剧痛和狂喜。这在很多人还处于锁住状态的情况下可能是非同寻常的。然而，我们愿意让它阻止我们从这唯一一次的生命中吸取一切吗？

不是尽管有问题，实际上正是因为有问题，我们才能盛放！只有这样，生活才觉得丰富和充实。当我们有意识地打破我们的模式，原始的潜能就会隐约闪现等待释放。知道我们正处于创造性能力的边缘是一种奇妙的强烈体验。任何东西，即便是烈性的药物刺激，都不能与之比拟。

我们投入得越多，就越有创造力、越精通生活。我们学会了如何生活。

站在你刚刚到达的突破曲线的顶峰，你一定会注意到，好多你所爱和关心的人并没有像你一样擅长在生活的问题中冲浪。你会不假思索地去提携那些在你周围跌倒的人。这是开启的一个必然逻辑，我们在不知不觉中成了领导者。

我们当中那些已经开启的人是这个地球上最强大的改变和变革的推动者。我们有内在的力量，能在任何领域或范围取得并维持多年的突破。我们不只是专注于试图改变别人，我们知道必须首先改变自己。在要求别人效仿之前我们必须已经开启并取得突破，然后我们才能在所涉及的各种系统中催化和放大突破。

开启：在所有领域催化突破

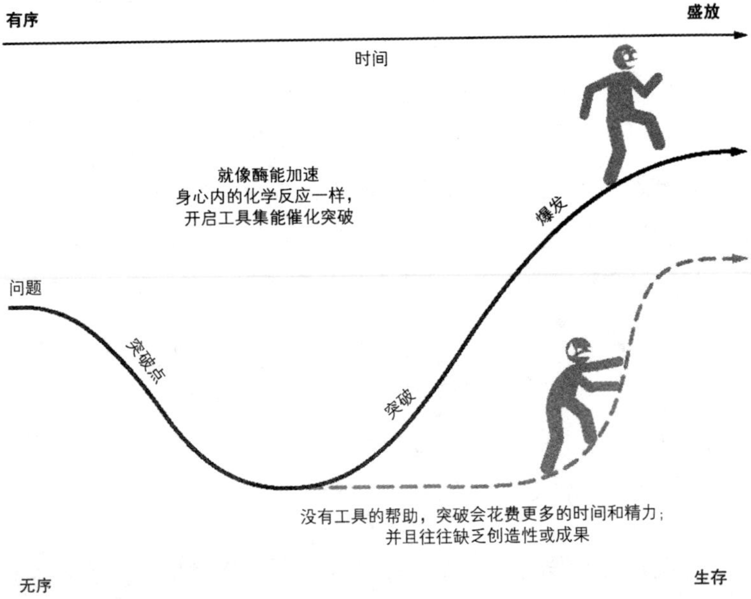

向关系开启

关系是最丰富的突破资源之一，亲密关系尤其如此，但所有的关系都充斥着可以转化为可能性的问题。人际关系是非常复杂的体验。你的模式和他们的模式在不断地相互作用，各种触发和反应相互碰撞弹射。这可能会让人感到很困惑，以致很容易在这当中迷失自己，不再知道我们的 sh!t 是什么，他们的 sh!t 又是什么；很容易乐此不疲地把我们的东西投射到他们身上，把他们的东西归咎于他们，抱怨他们而不是自己做内在的工作。逃离幻想在人际关系中是很普遍的！

当与人加深亲密关系时，我们开始信任他们。没有信任就不可能有亲密。但每当他们让我们感到失望，或者只是触发了失望的痛苦，那将会比我们根本不信任他们时的感觉更糟糕。如果我们对一些他们甚至没有意识到的事情进行防御性的反应，他们也很容易作出反应。你们（或所有人）的保护者都开始与另一个保护者争斗，防御感知到的威胁，把旧的痛苦改头换面。这场权力斗争没有赢家。保护者能做的只是回避，它无法吸引我们想要和他们一起感受的爱、平和与喜悦。这场搏斗比赛只有三条出路：

1. 继续互相厮打。每个“小我”都被锁在一个死亡怀抱中，直到有人决定放弃并离开，或者选择放弃或被打败。如果这段关系还在继续，一个变得主导和控制（同时不尊重对方的软弱），一个就变得顺从和软弱（同时愤恨另一方的恃强凌弱）。这种战争会因各自厌烦了所扮演的角色而经常爆发。

2. 从亲密程度上退缩（在某种程度上），无意识地与对手就亲密的界限达成共识，在各自的“小我”之间形成一堆默契，确保每个人的边界（即防御前线）不被侵犯得太多。每个人都同意接受必然会导致的活力、情趣或快乐的匮乏。我们很可能成为被人羡慕的室友而不是富有激情的爱人。

3. 我们对这种僵持、堵塞、冲突和缺乏成长空间变得不满，从而选择开启，互相——并且因为彼此而——有本愿地成长。我们利用在沟通、协作或做爱中的每一个崩溃，来探索我们的模式、释放我们的痛苦，并共同创造一个关于未来的可能性。如果有人停止了内在工作，那么关系就会停滞不前，所以持续地骑在突破曲线上是双方共同的责任。

显然，第三个选择——向爱开启——听起来更充赋盛放。但同样显然的是，在某种程度上，这是最不“容易”的选择。走这条路需要大量的时间及高度的意愿与诚挚。将冲突转化为创造力——带着同情和好奇心，则需要毅力和彻底的个人回应能力。然而，回报将是惊人的，突破的数量以及可获得的喜悦、爱和新鲜感是前所未有的。

和另一个人一起——并为了另一个人——成长，那就是真爱。这不是利用别人来弥补自己内在所缺乏的东西，而是在亲密关系的熔炉中疗愈自己的痛苦。

你的朋友、父母或伴侣将成为你真正需要的最好导师。他们将会——独特地，以不总是取悦你的方式向你表明，你哪里被阻碍了、你哪些习惯或故事已经不再适合你的现实。幸运的是，有一些强大的、植根于我们的神经生物学如何相互作用的原理的工具和技巧，可以帮助我们尽可能优雅地一起共舞。

向养育开启

如果我们认为开启的爱情生活是一段旅程的话，那么成为父母则可能会以其所涉及的挑战（当然也是机会）规模而胜过它。养育孩子是金钱买不到的最好的转变体验。这是一次壮丽的突破和崩溃的过山车之旅。每当我们认为已经把它制住了，那些厚颜无耻的“小人”——孩子们——就会按下另一个按钮，触发另一个从我们父母那里得来的旧模式，或者做出一些我们不知道如何去应对的、让我们惊吓的事情。我们用编造的每一个故事和自身的每一个习惯教育孩子如何处世，因此每一天我们都在把模式印记在他们的头脑中。这个很重要。

另一方面，孩子的大脑有活力并且很灵活。我们改变养育方式，他们的大脑就会因此而迅速地重新布线；丢弃那些老一套的责备、羞辱或抱怨的故事，他们会比我们更快地忘记它！开启的养育方式给了我们极佳的机会去审视曾经用来保护我们的每一种模式，看到它给我们和孩子们造成了多大的伤害。然后我们可以主有这些模式并永久地突破它们。如果没有孩子们来触发我们，我们可能永远不会知道还有它们！

我们也可以利用这些机会去探索内在、发现可能已经压抑了多年的痛苦。我们可以疗愈过去的一切，原谅父母和自己，让自己适应于宇宙。我们可以尊重父母和照顾者所扮演的角色，感谢给我们的支持。最重要的是，我们可以选择不再继承代代相传的养育方式，并设计出更合适的原则、技巧和存在方式，以使家庭中的每个人都能盛放。

这并不意味着每个人始终都是快乐的，或者和平至上，而是说每个人都在沿着不断盛放的道路前进。因为作为父母，我们正在主动寻求新的、富有想象力的方式来与我们的孩子连接、合作和共创。

虽然没有父母是完美的（试图做到完美完全是在浪费精力，因为那是不可能的），但我们可以承诺从所犯的每一个错误中吸取教训、让自己成长，并找到方法帮助孩子学习如何茁壮成长。

向工作开启

走出大门，我们很容易就会被卷入工作的旋涡中，不管我们是在学习，在办公室工作，还是受雇于手工艺或贸易行业。有很多问题需要主动应对：难处的同事、缺乏创造性的文化、不道德的商业行为、不赋能的经理、没有激励的领导、没有完成的任务，等等。在工作场所，往往没有太多的主人翁、信任或责任心的感觉，这使创新和变革变得艰难。结果是，大多数员工感受不到自己在组织中的参与感，也不相信自己的老板。盖洛普（Gallup）2013 年的民意调查显示，美国 70%的员工要么是“没有参与感”，要么是“主动地不参与”。[2] 根据一项调查，如果有机会，60% 的欧洲员工会选择不同的职业。[3] 工作可以变成一种充满逃避幻想的磨难。

然而，如果向工作开启，我们就可以着手突破所有这些问题，不仅仅是为了我们的公司或同事，而是为了我们自己的成长和掌握领导力。改变我们的商业运作方式，世界将会迅速改变。

在开启后，你可能想要找到利用数字革命的成果来做事情的方法，这在以前是不可能的。你可能想要鼓励你的同事在更雄心勃勃的项目上合作；你可能想要给你的工作场所带来更多的思考和健康的东西；你可能想在一个没有恃强凌弱或逞能蛮干、奖励创造性和冒险精神的环境下工作；你可能想要帮助跟你一起工作的搭档开发一个关于事情可以是怎样的、新的面向未来的版本；你可能想要确保你所加入的组织在尽其所能让世界变好，而不仅仅是索取和开采；你甚至可能想要开创自己的组织，投入到创业者的狂野之旅（合乎道德的、可持续的或取悦社会的）和随之而来的世界变化中去。

然而，由于这不是一个家庭或亲密关系的环境，我们必须以一种轻松的方式让我们周围的人接受我们的想法。有好多方法可以将更多的真实性和创造力带入团队和项目中而不会让人感到不知所措；有很多表达方式、法则和技术可以以一种包容的、听起来“正常的”方式帮助他人参与、被赋权、被激励，每个人都能跟上。

首先开启你自己，不久你就能让你的团队开启。你的团队将会变得如此振奋和雄心勃勃，以致你可以创造一个开放、有道德和创意的病毒式“传染病”基底，将工作从生产率的枯燥劳作转变为一幅自我表达、创造改变的画卷。

向地球开启

就在现在，在你阅读这本书的时候，每天就有 18000 名儿童死于营养不良。他们不仅存在于发展中国家。在纽约，地球上最富有的城市之一，每100个孩子中就有一个无家可归或饥肠辘辘。世界上有足够多——超过几倍之多——的食物来养活地球上的每一个人。它正被搁置在储藏室和仓库里、没有太多顾忌地从餐馆和家庭被扔出。我们拥有所有的后勤、智慧和资金确保现在就能把食物送到地球上每一个饥饿的肚子。缺乏的是意愿。正如甘地所说："这个世界足够满足每个人的需求，但无法满足每个人的贪婪。"

真相是，我们并没有面临贫困的危机，没有面临气候变化的危机，没有面临信贷危机。我们面临的只是一场痛苦而持久的、集体模式以及我们用来为其辩护的故事的危机。稍加剖析你就会发现，几乎任何社会或环境问题的核心无不标有保护者以及由它驱使的"小我"竞争、控制、剥削和囤积的特征。我们消耗、浪费或吃得太多，而分享、贡献、共情得太少，都是因为一种错误的分离意识。

我们无法用由对问题做出第一时间反应的、恐惧的"小我"所制定的策略来疗愈这个已被蹂躏了的世界。

如果分离是我们问题的根源，那么它就不能成为我们解决方案的根源。相反，连接必须成为每一个福利创新、碳减排计划和援助计划背后的指导力量。我们必须先成为内在的革命者然后才能成为外在的革命者；我们不需要更多的暴力革命、政治煽动或审判性的激进主义。我们需要的是更多的同情、连接、信任，还有——我敢说——爱。我们需要更多开启的人。列夫·托尔斯泰（Leo Tolstoy）——最终让他在他的祖国俄国更出名是因为他是一位心灵革命者而不是作家——一个世纪前在他的随笔《论无政府主义者》（*On Anarchy*）中提醒我们："只有一种永恒的革命，一种道德的革命，那就是内在的人的重生。"

如果你开启了并成为一名内在的革命者和开启的领导者，你可以选择任何影响你社团的问题，并与他们一起驾驭突破曲线；你可以和你宿舍里的人或者跟你住同一条街的人一起做这件事；或者你可以通过数字或现实世界的网络与全世界的人连接，把有同样激情和信念的人们带到一起工作。关键是，必须以连接作为起点、以自己的模式作为第一项议程。如果自己不开启，我们很可能会想出一些基于扭曲、分离、可怕的现实观点之上的解决方案。正如佛陀所说，"没有内在的平和，就没有外在的和平"。

个人的发展就是世界的发展；世界的变革需要个人的转变！

向开启的世界进发

我们生活在一个不可思议的时代。是的，我们正面临所能想象的最复杂的问题，但我们也被赋予了合作和一起共创解决方案的能力。在我们的网络中，有着为应对最紧迫的挑战创造突破性解决方案所需的所有想法、智慧、资金和意义。诞生于机械科学的互联网，正在帮助我们有机地相互连接。它帮助我们把创造力和资源集中到那些注重连接优势的项目上，因为我们将一起创造并兑现它们。

就像长在荨麻附近的大黄叶，天然就是一服止痛药以备我们不时之需；数字技术正在帮助我们疗愈工业时代的轧棉机和济贫院所造成的社会创伤。网络正在缓慢而确定地重新连接着世界，邀请我们与它步调一致并变得更加协作、网络化和共创性。新的平台和应用正在帮助我们建立一个基于真正平等和真正民主的全球社会。有了爱彼赢（Airbnb）、美国社会团体（SumofUs. org）、Ushahidi* 和 Kiva** 这样的组织，我们正因借助技术而一同变得更好。目前，新型的组织，如合弄制（holocracies）、有益性公司（B Corps）以及社会型企业正在世界各地涌现，为社会“接种”疫苗以预防机会资本主义和滥用权力的“病毒”。

现在，在我们掌握之中的——也许是人类历史上第一次现实地——是一个对所有人都公正、平等之社会的切实可能性。

解决世界上大多数最棘手的问题所需的大部分技术和资源现在都具备了。我们所要做的就是挖掘我们的内在，找到发挥它们的作用所需的勇气和潜能。当我们——爱人、父母、雇员、消费者、公民和养老基金持有人——开启了，事情就开始改变了。我们开始感同身受地对待他人和周围的事物；我们与爱人一起为当地的社区项目工作；在我们外出度假时，尽可能地不给当地的环境造成负担；我们带着孩子们去接触大自然，从不贪图超出需要的东西；我们恳请我们的老板们

---

* 斯瓦西里语，意为“目击、证明”。——译者注

** 美国一国际非营利组织。——译者注

从一开始就建立起可持续发展的新业务，并像注重利润一样注重社会的影响；我们建立自己的企业，更多的是关于贡献，而不是成就。

我们越多地开启并突破以自我为中心的模式，就变得越能感同身受地感觉到地球的痛苦。当我们看到塑料袋在大街上旋转时，那种压倒一切的悲伤久久萦绕；“陌生人”的困境影响着我们，就好像是我们自己孩子的困境一样；又一种语言或物种的灭绝让我们心痛万分；我们的**心**因许多抑郁症兄弟和有自杀倾向的姐妹的痛苦而破裂；我们因蜜蜂逐渐灭绝和工业的森林砍伐而感到震撼；我们寻找、购买那些有着超越利润追求的目标并尊重员工的品牌产品。

我们不再需要法律、刺激和社会规范来让我们以可持续和尊重的方式行事；我们是因为想这样做而为之。因为只有当我们爱上了自己、爱上了我们与其合一的宇宙，那才是真正的我们。当我们有了清明开放的**心**、**脑**和双**手**，我们不需要政治家告诉我们该做什么；我们相信自己和同行，并为共同的利益而合作；我们不再将人们视为竞争者或压迫者，相反，我们把他们看作自己的一部分；我们发展出一种要将破损的社会边缘缝合的渴望——以犹太传统所称的修善世界（tikkun olam）的方式。当我们开启的时候，我们不可能拒绝疗愈世界的召唤，因为这就是当我们感到安全和连接时的自然状态。这种对主动改变的渴望只是我们保持开启时无法阻挡的一种——爱的倾泄。

通过日常甚至每小时不时地、一次又一次地开启，你可以提升你的协作性创造力，开始创造一个开启的世界，不管是跟你的孩子、伴侣还是同事。打开这扇门的钥匙是持久的连接意识，我们都是连接在一起的。当我们记得我们都是“大 U”爱和被爱的一部分时，就可以把每一个会议、讨论或争论变为更多的信任、同情和创造力。这种同伴感觉、这种伙伴友谊，就是数字时代的兄弟情谊，就是佛性。

记住，没有必要与什么结果相联系。那只是你的“小我”在试图控制、预测和得到回报时的一种古怪行为。你可以像甘地建议的那样，将你的努力作为爱无偿地回赠给支持所有生命的“大 U”。

这就是开悟在行动。

我们把开悟从一个美好的个人经历变成了一个永恒的力量。开悟——对我们是与宇宙合一的真相本质的一种不可言喻的觉醒，是我们旅程的开始，而不是终点。我们在这个世界中、为了这个世界、如这个世界一般开启，而不是远离这个世界在一个修道院、瑜伽工作室或寺庙里开启。

许多推崇开悟想法的伟大智慧传统都形成于政治停滞时期。个人几乎没有可能对社会的形态有任何的影响力，所以智者转向内在寻求自由。僧侣和瑜伽修行者从外部世界退出以专注于内在的开悟。今天已经全然不是那么回事了。

随着一个鼠标点击，就是一个职业变迁、一个购买决定；我们可以——当我们一起工作时，震撼世界。一旦我们开启，我们都有无限的机会为地球的未来做出贡献。

如果不是现在，更待何时？

听……

轰！

这是生活的弧线球以一个问题——可能影响到你、你所爱的人或者世界——的方式击中你时的声音。你可以选择驾驭它走向突破，或者退缩离开它进入你的舒适区。做偏执狂还是乐善笃？问题还是可能性？生存还是盛放？关闭还是开启？这是你的选择。无论是关闭还是开启，都无关乎对或错。只是它们会导致每个人都仅有一次的宝贵人生迥然不同的经历，以及在他们周围形成截然不同的社团。

底线是：如果在你的生活中或世界上正在发生什么你不喜欢的事情，现在你知道该如何去改变了。

如果你真接受了邀请并沿着突破曲线骑行，也不是很容易就能突破。你几乎肯定要放弃一些东西：旧的创意、熟悉的规则、安慰的想法、珍视的关于正当和善的观念，等等。然而，当你放弃的时候，你会得到一些珍贵和无价的东西：创意、灵感、洞察力、直觉等。这些都是在不确定性和不可预测性中盛放才有的特殊待遇。

一旦你意识到一个问题触发了你……你就回到这个曲线上，再次骑着它走向自由。如果你想退缩，或做出责备、羞辱、抱怨的反应，你只需回到内在去寻找真相。就像 ABC 这么容易：关注（Attention）、呼吸和弹跳（Breathe and

选择：开启或者关闭

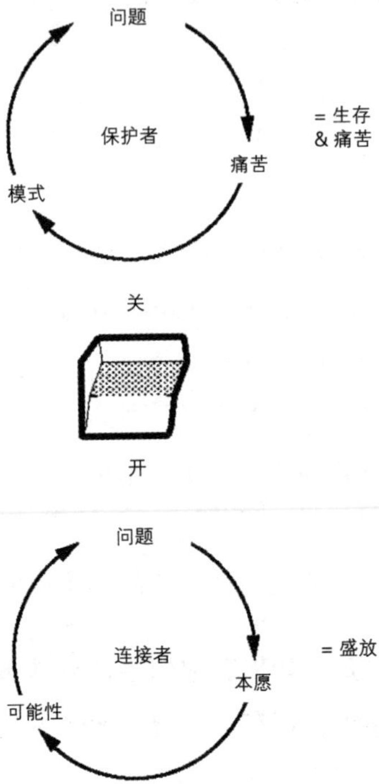

Bounce)、好奇（Curious)。

喂……!?!

听……

再仔细点听……

现在，连接者、“大我”、创造性精神、“大 U” 正在向你召唤。这通常是让你注意到你的生活（或世界）中的某个领域突破时机已成熟。那就是问题之所在。这是你有某个部分想要突破的信号。

这是你的时机。就在这里。

没有什么比把自己从不必要的痛苦中解放出来，并以此释放你的创造力以改变你的所有生活领域更重要的事了。通过重新连接你的**心**和重新布线你的头**脑**，你可以用你的**手**重新混合任何你不喜欢的东西。

这也是我们的时机。就是现在。人们在受苦；动物在受虐待；我们的地球在受伤害。

你将贡献什么？

你将如何把突破的魅力和壮丽带到你的世界一角，让它因你而变得更好？

通过在信任和真相中团结一心，我们可以共同创造项目以解决即使是最严峻的挑战，由此整个人类得以兴盛。不管我们的贡献是什么，无论怎么微不足道，都将是照亮这个世界——我们也是其中固有的一部分——阴暗面的一份光。

我们不再需要问生活能为我们做什么，相反，我们为自己将为生活做什么而庆贺——在其所有那些不可预知的、矛盾重重的、时而困苦的荣耀之中。一旦我们意识到我们不是我们的模式、不是我们的习惯、不是我们的痛苦，那么，我们作为一个团队就可以共同创造任何东西。一起、合一，一切皆有可能。

改善世界是多么美妙，何须等待！

——安妮·弗兰克，一个年轻女孩的日记

向主动开启

关闭的：主动性指的是我们尽量事先发现问题、避免问题。我们只应对那些不得不应对的，并将我们碰到的问题归咎于他人。

开启的：主动性是长期盛放的源泉。我们承担的问题越多就越有成就。然后我们可以承担那些围绕着我们的问题，并帮助所有人盛放。

现在就开启

邀请你的连接者进入混合。呼吸，放松。也许闭上你的眼睛。选择开启。

心：感觉你的本愿在内心燃烧，你周围世界的什么问题触动了你？

感觉你的朋友和家人、更大的人际网络、你的社区、整个世界、整个地球，有什么痛苦引起了你的注意？

安全地与临在连接，你能让你的**心**，不被其所淹没地感受别人的痛苦和苦难吗？

你能让你的**心**即使破碎也不失去希望吗？

深呼吸。想象一下，当你呼吸的时候，你是在吸进所有的苦难，并在内在的熔炉里把它转化为爱。现在，把那份爱呼出，把它发送给你所关心的每个人，也许还有世界。

脑：你希望有什么样的爱情生活？什么样的友谊？作为父母（现在或将来）有什么样的生活？工作？你的社区？地球？全球系统？

提醒自己你的本愿。在你的身心里感受它。你想专注在其中哪些领域？

手：为了要在你所接触的一个系统中开始一个重建或恢复活力的进程，你需要跟什么连接？

你如何用一个关于可能是怎样的新故事来激励他们？

你现在能和他们联系并安排时间谈谈吗？

突破性提问

其他人有谁因为这种情况而感到挑战，为了让他们回到这个混合中我能做些什么？

如果我相信每个问题都有一个三赢的解决方案，那么我能创造些什么以使每个人都盛放？

结束语

在突破曲线上往复

那个小而不起眼的 J 形突破曲线，看来似乎包含着一些深奥的秘密——关于我们自己、整体的创造力，以及宇宙的本质。我还在挖掘那些秘密。然而，在对突破曲线的力量和优雅感到惊讶之余，我发现它无处不在。我在大多数电影、奏鸣曲音乐形式、分子如何反应释放能量（这为我们星系的生命提供了所有能量）、人们如何学习、文化如何改变、婴儿如何成长，甚至在国家如何从独裁过渡到民主等事物结构中都注意到了它。其他还有许多。

似乎每当有一个丰厚的化学、生物、心理或文化方面的问题需要突破时，J-曲线就会出现。在一个被这样的现实——有些东西是从虚无中创造的——所界定的宇宙中，是否有可能，J-曲线就是创造力的基本蓝图？

突破的生物动力学和盛放级差

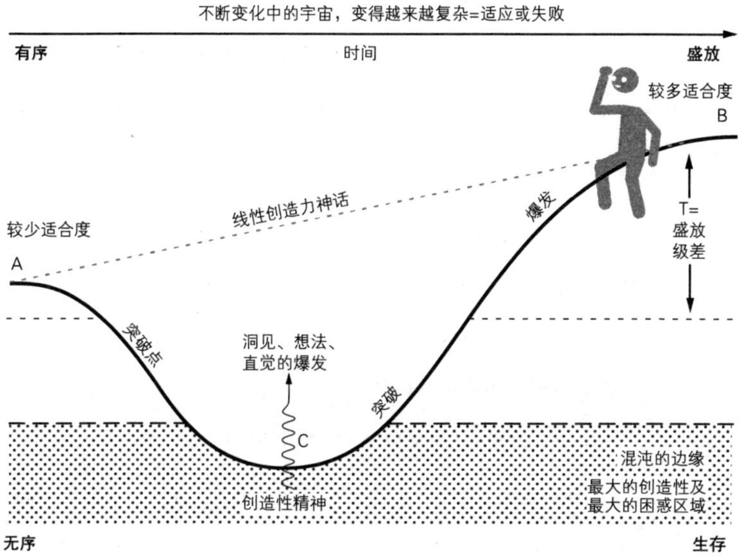

我对这个想法进行了探索，并在一本配套的电子书《开启：突破的奇迹》中对上图作了详尽的解释。在那本书里，我跟踪了许多不同的突破曲线。我探索了突破生物动力学与混沌理论和复杂性科学的革命性概念之间的联系。从爵士乐的诞生到高科技创业，我探索了在任何系统中能使问题或限制激起突破的必要条件。那本书揭示了突破生物动力学与斯多葛学派和道家，以及卡尔·荣格（Carl Jung）和弗里德里希·尼采（Friedrich Nietzsche）等人最深奥的洞见之间的并行不悖。

如果你喜欢此书，恳请在网上为未来的读者留下一个真诚的评论。

可以在 www.ripeandready.com 上找到更多有关开启的工具和体验（包括免费资料）。

加入我们专用的盛放蜂巢（Thrive Hive）网站：www.ripeandready.com/thrivehive，以获取进阶的书籍及帮助塑造未来的想法。

尼克欢迎评论和想法。请联系：

电子邮件：nick@ ripeandready. com

推特网：@ nickjankel

互联网：www. nickjankel. com

脸书网：facebook. com/nicksenecajankel

术　语

预设（assumption）：通常是一个关于世界如何运作的无意识的信念，基于过去的信息而非未来的可能性。

依恋（attachment）：一个人对另一个人的有意义的联系，特别是一个孩子对于父母、监护人或主要照顾者。更多的信息可阅读约翰·鲍比（John Bowlby）和其他人的作品。

自创生的（autopoietic）：可以在没有任何外部指示或设计的情况下创造自己的东西。

大U（同大宇宙）[big U（also big universe）]：见**宇宙**。

生命动力学（biodynamic）：一种创造性和变化的整体方法，它能对个人或群体实际发生历经的体验、活动、精力、洞察和直觉作出反应；而不是对事物应该如何的一种固定的、预先确定的策略或计划，以致即使情况变化了也不能做出改变。

身·心（body. mind）：心智和身体相互交织紧密配合的高度复杂、完全整合的系统，所有的人类体验发生的所在。

爆发（break out）：当突破持续了很长一段时间后发生的变化，变成植根于系统或人。

崩溃（breakdown）：长期未解决的问题、令人丧气的故事、自我破坏的习惯，以及使生活充满挑战的未疗愈等痛苦的综合体验。可以显眼或微妙的身体、心理和/或情感方式表现出来。

突破点（breaking point）：冗余和不赋能的模式在由盛放和/或无

法适应环境的内驱力的压力下开始瓦解。转换的关键时机。参见**危机**。

突破（breakthrough）：一个重大的创造性飞跃，它正面地打乱了事物的存在方式，并打开了之前没有的或没有看到的、不能基于过去所能预测的可能性。参见**非线性的**。

突破曲线（breakthrough curve）：一个**生物动力学的**过程/蓝图/工具箱，使能够突破任何问题；并随着时间的推移保持这种转变，带来更大程度的适应性和更多的盛放。具有J的形状。

混沌（chaos）：一种无序和不可预测性的状态（在复杂性科学中，混沌似乎是随机的，又由于最终结果对初始条件的微小变化敏感而具备一些秩序，但是以一种非线性的方式）。

负荷（charge）：一种失去平静的内在感觉，通常使我们趋近或远离某个事物。参见**本能**和**应激反应**。

承诺（commitment）：内在的一种强烈的感觉，完全下定决心要让事情发生（并把这个想法告诉自己和其他人）。

条件反应（conditioned response）：行为习惯和它们的联系，通常是无意识的，它们重复了很多次已经被深深布线到神经系统中。

条件作用（conditioning）：神经生物学过程，其中行为、记忆、联想和所处状态被编码并布线到神经系统。

冲突的（conflicted）：一种内在的混乱状态，两种或两种以上相互冲突的价值观、习惯、情绪、模式或故事同时相持不下。相对的是一致的或有**协调性**。

身心一致（congruence）：我们的情绪、信念和行为都一致、真实、和谐的一种内在状态。

连接者（The connector）：每个人内在的基本力量，确保我们能与他人连接、突破挑战、疗愈痛苦，以及盛放。

巩固（consolidation）：神经生物学过程，记忆被布线到神经系统中以供长期使用。

创造性精神（creative spirit）：每个人在开启后都会有的、人类体验**宇宙**的一个方面，它释放创造力、想象力和可能性。

危机（crisis）：每个问题的转折点，此时我们决定是参与其中，主有它，因而改变它；还是试图忽视它，对它反应或者压抑它。参见**突破点**。

阴暗面（darkside）：被压抑的、隐藏的模式和痛苦，我们有时认为它不是我们的一部分（并经常投射到别人身上）。包含潜在的可能性、天赋和能量，这些都可以通过突破来释放（当我们主有它的时候）。参见**人格特征**。

奉献（devotion）：将我们的想法和行动贡献给宇宙，以避免附带条件。

泄能的（disempowering）：一个限制成长、扩展、自由、创造力和乐趣的故事、信仰、习惯或情绪；助长压力、自我破坏、限制、焦虑、犬儒主义和绝望。

二元性（duality）：一种信念或观念，认为我们与宇宙或彼此是分离的、和（或）心智和身体是分离的。参见**身心**、**非二元性**和**宇宙**。

混沌的边缘（Edge of chaos）：在有着最复杂的生命系统的有序和无序之间、具有最大创造性（和混乱）的领域。

具身化（并**具身化的**）[Embody（also embodied）]：身体力行，给身心带来变革性的思想或洞察力因而可以无须刻意努力地活在每个当下。当达到这点时，一个**突破**就被内在化，系统被重新布线。

赋能的（Empowering）：一个鼓励成长、扩展、自由、创造和乐趣的故事、信念、习惯或情感。

开悟（Enlightenment）：意识到我们的真实本性，是互相连接的、唯一宇宙内在的组成部分。具有爱、真理和/或创造力体验的特征。参见**喜悦洪流**、**合一**和**宇宙**。

镇静（Equanimity）：保持冷静、好奇和开放，避免对某一情况作出判断或反应。

逃避幻想（Escape fantasies）：认为退缩或完全离开一个境况（人、工作或地方）将带给我们所渴望的幸福的信念。

本质（Essence）：我们与生俱来的无限潜能，当我们放开限制性的信念、个性和习惯时，就会显露出来。参见**大我**。

可能性领域（Field of possibility）：我们生活的空间，包含所有的可能性。它是由我们所做的选择决定的，并随着我们的扩展而扩展。

适应性（Fittedness）：在我们的环境中以适当的方式行动、思考和感觉的一种存在状态。

心流状态（Flow. state）：当我们全神贯注于一项具有挑战性的、有一定熟练度的活动时所具有的一种高度觉知、专注和非凡的状态。常常会有一种时间、空间和自我消失的感觉。参见**开悟**。

框架（Frame）：我们对情境或事件的看法；我们用以解读事物的世界观。

防御前线（Front）：我们在日常生活中用来保护我们的防御性行为的集合，已经固化为我们的公开的人格。参见**模式**、**人格特征**和**故事**。

大我（great We）：一种我们是谁的概念，由一种与宇宙中所有人和一切事物重新连接的感觉所驱动。另一种概念是**小我**。参见**本质**。

手（Hands）：我们行为、行动和身体体验的象征。我们如何体验和表达创造力/反应。作为人类核心的**手**、**脑**和**心**三位一体中的一部分。参见**脑**和**心**。

脑（Head）：象征着我们的思想、故事和信念。我们如何体验和表达真相/预设。作为人类核心的**手**、**脑**和**心**三位一体中的一部分。参见**手**和**心**。

疗愈之心（healed heart）：参见**全心全意的**。

心（Heart）：感觉和情感的象征。我们如何体验和表达爱/痛苦。

作为人类核心的**手**、**脑**和**心**三位一体中的一部分。参见**手**和**脑**。

内在工作（inner work）：专注于探究体验、疗愈痛苦、转变模式和突破。参见**探询**。

探询（inquiry）：通过发现来了解自己或世界的一部分，以使我们保持成长并适应环境。参见**适应性**。

洞见（insight）：一种看待世界的新方式，它打开了之前由于我们的预设而无法获得的可能性。通常是基于未来可能有的而不是过去发生的。

本能（instinct）：来自内在的知识，帮助自己和他人生存。参见**保护者**和**生存之旅**。

正直（integrity）：确保我们与自己和他人的所有互动和关系来自于爱、真相和创造性。

直觉（intuition）：来自内在的知识，帮助自己和他人盛放。参见**连接者**和**盛放之道**。

所是（iSness）：任何时刻发生的无法改变的现实。

喜悦洪流（joystruck）：每个人在开启时都有的、人类对宇宙的体验的一个方面，它会伴随着极喜、乐趣和幸福的感觉。身体上通常感觉像一股强烈的能量洪流。

匮乏（lack）：一种内在的，对我们的安全、健康和幸福来说一些重要东西的深深缺乏感。

线性（linear）：沿着连续的、可预测的直线发生变化。

新陈代谢（Metabolize）：当我们主有一个问题，把它带入内在并转变成一些有价值、有学问、有成长的东西时的一种发生。

正念的（Mindful）：尽可能多地以当下的内心平静、好奇和开放接近事物，没有恐惧、预设和忧虑。参见**全心全意的**。

神经印签（neural signature）：以特定反应或模式为特征的神经活动的痕迹。

高尚的谎言（noble lies）：我们持有的能保护我们免受恐惧、困惑和困难的信念和预设。

非二元性（non-duality）：所有事物都连接在一起的信念或观念，每个人都是我们称之为宇宙或合一的一部分。参见**合一性**、**统一**和**宇宙**。

非线性的（non-linear）：变化的方式既不能预测也不是直截了当的。参见**突破**和**线性**。

合一性（Oneness）：没有分裂或二元性的统一的整个存在。参见**非二元性**和**宇宙**。

秩序（Order）：一种一致的、结构化的存在状态。

主有（并主有性）［Own（also Ownership）］：完全地接受问题、模式和痛苦（以及我们的目的、可能和权力）的行为，相对于责备他人或归咎于他人。

痛苦记忆（pain memories）：一种与痛苦或威胁性的经历有关、对我们的健康仍有影响的强烈记忆。

痛苦-模式晶体（pain. pattern crystal）：一种隐喻。当一个人经历了某种威胁的、不快或失望的事情时，由恐惧记忆、神经印签、条件反应以及不赋能的故事交织在一起，沉积于身心并储存于内在的东西。

偏执狂（paranoia）：视问题和挑战为证据，证明有什么事情跟自己、他人或世界过不去；什么事情出了问题会伤害我们。

模式（patterns）：在童年时期复制或发明、旨在保护我们免受痛苦但现在却倾向于限制我们的习惯、故事和在世界上存在的方式。苏菲派称之为 nafs；佛教徒称之为 skandhas。

人格特征（personality trait）：一种形成独特个性的、保护性模式的组合。参见**防御前线**。

临在（presence）：内在和外在地跟宇宙在一起的体验。触发支持、连接和统一的感觉。

过程（并处理）[process（also processing）]：有意识地去体验紧张或不寻常的事件或经历，这样我们就能理解它们，找到它们的意义，并从中学习。

投射（projection）：无意识地把我们的想法和问题放到别人身上。参见**阴暗面**。

乐善笃（pronoia）：把问题和挑战看作一个了解我们更多潜力的机会，以及宇宙正试图帮助我们学习、成长和盛放的迹象。

保护者（The protector）：每个人内在的基本力量，确保我们能保护自己、应对威胁、生存。

重新连接（reconnection）：有意识地记住并重新激起我们与宇宙的内在连接。

重新连接练习（reconnection practice）：能让我们重新连接到宇宙并感到临在的任何练习（例如冥想、狂喜入神舞、气功、正念）。参见**宇宙**。

重新连接反应（reconnection response）：以激活副交感神经系统为特征的对压力的有意识反应，推进平静、好奇和开放。

重构框架（reframe）：有意识地选择一个不同的信念或故事来解释这个世界。参见**框架**。

抗拒（resistance）：通常典型的情况是无意识地拒绝主有问题、避免内在工作、贬低突破。由**小我**对变化、转变和可能性的恐惧所驱动。

能回应的（并回应能力）[response－able（also response－ability）]：当我们完全主有自己的问题、模式和痛苦时感觉到的赋能状态，并因而具有创造解决方案的潜力。

自我妨害（Self－sabotage）：一种未察觉的模式化倾向，暗中破坏我们爱、创造、清晰思考、专注、**能回应的**、有诚信，以及一般地实现我们的潜力。

自我对话（Self-talk）：我们告诉自己关于我们是谁的话语、想法、信念和故事，它们决定了我们的信念以及我们在每一时刻所能做什么或不能做什么。

感觉（Sense）：利用我们所有的能力在任何特定的时刻辨别来自自己或世界的什么东西正在寻求发生，没有偏见、预设或欲望。

分离焦虑（Separation anxiety）：一种正常的儿童发展中产生的恐惧。当我们意识到自己是个体，与父母、照顾者和我们存在的宇宙的分离时，就会产生这种恐惧。

乱麻（Sh!t）：一个问题或议题（不管是世界上的还是我们内在的，或是两者的结合），它充满了个人成长和/或社会变化的潜力。

定静点（Still-point）：内在于我们的感觉重新连接的地方，镇定、宁静、中立。

故事（Story）：我们对自己说的故事，试图弄清我们是谁、正在发生什么，以及我们要做些什么。我们生活中的每一刻都在上演故事。它们**赋能**于或**泄能**于我们。参见**自我对话**和**愿景**。

应激反应（Stress response）：对真实或感知的危险、恐惧或创伤的无意识反应。它的特点是激活了驱使人们去战斗、逃跑或冻结的交感神经系统。也被称为"逃跑-或-战斗"反应。参见**生存之旅**。

浮现（Surface）：使无意识的想法、感觉或预设显露。

诚服（Surrender）：有意识地选择放弃对当下发生的事情、所是的任何抵抗。

生存之旅（Survival Trip）：生活在一个持续的低品位、慢性应激的状态——用模式对生活作出反应，即使对我们的存在没有人身的威胁。

开启陈述（Switch Statement）：一个句子或一系列的句子，有意识地设计好以赋能于我们。类似于断言或咒语，但为密切配合我们的神经生物学而精心构思。

关闭（Switched off）：存在于世界的一种状态，其特征是顽固、自以为是、可预测性、怨恨、控制、焦虑和缺乏责任感。由一种脱离宇宙的感觉和恐惧、疏离，以及由此引起的压力所驱动。这种状态通常是无意识的默认设置。

开启（Switched on）：存在于世界的一种状态，其特征是创造性、开放、觉知、**洞见**、灵感、想象、感恩、同情、慷慨、自发性、责任、承诺、全心全意和正念。由一种与**宇宙**连接的感觉和爱、真理和由此而带来的创造性所驱动。

充赋盛放的（Thrivadelic）：具有通过促进贡献、创造性和连接性而茁壮成长的能力，从而增加了当下和未来盛放的可能性。

盛放之道（Thrive drive）：当我们承担问题和突破它们时，始终生活在一个盛放、感觉到与自己和他人的连接、贡献和创造的状态中。

盛放（Thriving）：成长、学习和活力，以及贡献、创造和连接的机会——在任何情况下都具备，无论是否有挑战。应对逆境，因为我们可以从中发现某种意义，某种可以帮助我们更有创造力、更自由、更有爱心的方法。

小我（Tiny Me）：一种关于我是谁的理念，由与宇宙所有其他人和事分离的感觉所驱动。一种关于“我”的稳定但限制性的感觉，通常被称为自我，在面对生活的挑战时往往感到渺小、无力和需要支持。

触发（Trigger）：引起我们以特定的方式作出反应或回应的行为或体验。当我们被触发时，我们会在无觉察的情况下上演被无意识地唤醒了的关于过去的不安、威胁或恐惧的模式。我们以预先确定的、无创造性的方式作出反应。这是一种影响，但不是原因。参见**主有**。

调谐（Tune up）：优化情绪、想法和行为，以使它们符合我们的意图和环境。参见**冲突的**和**身心一致**。

宇宙（大U）［universe（also big U）］：所有存在的事物的总和，

可以是存在的或将会存在的——每一个粒子和能量的来源。既是无（虚无、空虚）又是一切（物质、形式）。参见**大我**和**合一**。

为无为（Wei wu wei）：一个看似自相矛盾的概念，没有行动的行动，做不做。它发生于我们不加妨碍地与宇宙共创时。参见**心流状态**。

三赢（Win-win-win）：一种对自己、他人和社区/世界/地球有明显益处的想法、项目或成果。

传统智慧（Wisdom tradition）：一种途径或哲学，为我们提供智慧、思想、洞见、经验，赋能、解放的工具，激发爱、同情、真理、正直、疗愈，等等。通常有几百年的——如果不是几千年的话——历史。不要与“宗教”混淆，它本质上是一种教条或意识形态。

全心全意的（Wholehearted）：尽可能地以内在的平和、爱、连接和丰盛去接近事物，没有恐惧、预设、渴望。参见**正念**。

尾　注

作者的话

1 Nachemson A L, Waddell G, Norlund A I 'Epidemiology of neck and low back pain,' in Nachemson A L & Jonsson E(eds) *Neck and back pain: The scientific evidence of causes, diagnosis and treatment*, Lippencott Williams & Wilkins, 2000.

2 Stravinsky, I *Igor Stravinsky: An Autobiography*, Project Gutenberg, 2011.

3 Sagan, C *The Demon-Haunted World: Science as a Candle in the Dark*, Ballantine Books, 1997.

序言　为突破而生

1 'Stress in America Survey,' American Psychological Association, 2013.

2 Zoladz, P et al. 'Pre-learning Stress that is Temporarily Removed from Acquisition Exerts Sex-specific Effects on Long-term Memory,' *Neurobiology of Learning and Memory*, Dec 2012: 100, 77-87.

3 Hansell, A et al. 'Aircraft Noise and Cardiovascular Disease near Heathrow Airport in London: Small Area Study,' *BMJ*, Oct 2013: 347 (7928): f5432.

4 Nyberg, A et al. 'Managerial leadership and ischaemic heart disease among employees: The Swedish WOLF study,' *Journal of Occupational and Environmental Medicine*, August 2008: 0, 1-5. doi: 10. 1136/oem.

2008.039362.

5 Conrad, C (ed.) *The Handbook of Stress: Neuropsychological Effects on the Brain*, Wiley-Blackwell, 2011.

6 'Work Stress and Health: The Whitehall II Study,' British Cabinet Office, 2004.

7 Baumeister, R et al. 'Some Key Differences Between a Happy Life and a Meaningful Life,' *Journal of Positive Psychology*, Oct 2013.

8 McCaig, R et al. 'Improved Modulation of Rostrolateral Prefrontal Cortex Using Real-time fMRI Training and Meta-cognitive Awareness,' *NeuroImage*, 2011: 55(3), 1298–1305.

9 Forstmann, M et al. 'The Mind Is Willing, But the Flesh is Weak: The Effects of Mind-Body Dualism on Health Behavior,' *Psychological Science*, Oct 2012: 23(10), 1239–45.

10 Langer, E et al. 'Believing is Seeing: Using Mindlessness (Mindfully) to Improve Visual Acuity,' *Psychological Science*, Oct 2010: 21(5), 661–6.

11 Crum, A and Langer, E 'Mind-set Matters: Exercise and the Placebo Effect,' *Psychological Science*, Feb 2007: 18(2), 165–71.

12 Benson, H et al. 'Body Temperature Changes During the Practice of G-tummo Yoga,' *Nature*, Jan 1982: 295, 234–6.

13 Kox, M et al. 'Voluntary Activation of the Sympathetic Nervous System and Attenuation of the Innate Immune Response in Humans,' *PNAS*, May 2014: DOI: 10.1073/pnas.1322174111.

14 Kong, J et al. 'Are All Placebo Effects Equal? Placebo Pills, Sham Acupuncture, Cue Conditioning and Their Association,' *PLoS ONE*, Jul 2013: 8(7).

15 Benedetti, F and Amanzio, M 'The Placebo Response: How Words and

Rituals Change the Patient's Brain,' *Patient Education and Counseling*, Sep 2011:84,413-9.

16 Kaptchuk, T et al. 'Placebos Without Deception: A Randomized Controlled Trial in Irritable Bowel Syndrome,' *PLoS ONE*, Dec 2010:5 (12).

17 Joshua, M et al. 'Incidental Haptic Sensations Influence Social Judgments and Decisions,' *Science* (RSS), Jun 2010.

18 Bechara, A et al. 'Emotion, Decision Making and the Orbitofrontal Cortex,' *Cereb. Cortex*, 2000: 10(3), 295-307; DOI: 10.1093/cercor/10.3.295.

19 Siegel, D *Pocket Guide to Interpersonal Neurobiology: An Integrative Handbook of the Mind*, W.W.Norton & Company, 2012.

20 McEwen, B 'The Neurobiology of Stress: From Serendipity to Clinical Relevance,' *Brain Research*, Dec 2000:886:172-89.

21 Galvin, J et al. 'The Relaxation Response: Reducing Stress and Improving Cognition in Healthy Aging Adults,' *Complementary Therapies in Clinical Practice*, Jun 2006:12(3), 186-91.

22 Kaufman, S 'Opening Up Openness to Experience: A Four-Factor Model and Relations to Creative Achievement in the Arts and Sciences,' *Journal of Creative Behavior*, 2013:47, 233-55.

23 Bhasin, M et al. 'Relaxation Response Induces Temporal Transcriptome Changes in Energy Metabolism, Insulin Secretion and Inflammatory Pathways,' *PLoS One*, 2013:8(5), e62817.

24 Vitalo, A et al. 'Nest Making and Oxytocin Comparably Promote Wound Healing in Isolation Reared Rats,' *PLoS One*, May 2009:4(5), e5523.

25 Pavlov, V and Tracey, K 'The Cholinergic Anti-inflammatory Pathway,' *Brain, Behavior and Immunity*, Nov 2005:19(6), 493-9.

26 Keltner, D and DiSalvo, D 'Forget Survival of the Fittest: It Is Kindness That Counts,' *Scientific American*, Feb 2009.

27 Bergland, C 'The Neurobiology of Grace Under Pressure,' *Psychology Today*, Feb 2013.

28 Gebhardt, N et al. 'Vagus Nerve Stimulation Ameliorated Deficits in One-way Active Avoidance Learning and Stimulated Hippocampal Neurogenesis in Bulbectomized Rats,' *BRAIN STIMULATION: Basic, Translational, and Clinical Research in Neuromodulation*, Jan 2013: 6 (1), 78–83.

29 Waytze, A 'Psychology Beyond the Brain,' *Scientific American*, Oct 2010.

30 Eisenberg, N et al. 'Emotion-related Self-regulation and its Relation to Children's Maladjustment, *Annual Review Clinical Psychology*, 2010: 6, 495–525.

31 Ongoing research at time of print: http://www.gla.ac.uk/news/headline.

32 Simmons, A et al. 'Altered Insula Activation in Anticipation of Changing Emotional States: Neural Mechanisms Underlying Cognitive Flexibility in Special Operations Forces Personnel,' *Neuroreport*, Mar 2012.

33 Morgan, C et al. 'Relation Between Cardiac Vagal Tone and Performance in Male Military Personnel Exposed to High Stress: Three Prospective Studies,' *Psychophysiology*, Jan 2007: 4(1), 120.

34 Headley, B et al. 'Long-running German Panel Survey Shows that Personal and Economic Choices, Not Just Genes, Matter for Happiness,' *PNAS*, 2010: 107(42), 6.

35 Loehr, J *Mental Toughness Training for Sports: Achieving Athletic Excellence*, Plume, 1991.

36 Hadhazy, A 'Think Twice: How the Gut's "Second Brain" Influences Mood and Well-Being,' *Scientific American*, Feb 2010.

37 Liou, A et al. 'Conserved Shifts in the Gut Microbiota Due to Gastric Bypass Reduce Host Weight and Adiposity,' *Science Translational Medicine*, Mar 2013:5, 178ra41.

38 Schnabel, J 'The Dana Foundation: Does Parkinson's Disease Start Outside the Brain?' Aug 2010: http://www.dana.org/News/Details.aspx?id=43093.

39 Forster, J et al. 'Why Love Has Wings and Sex Has Not: How Reminders of Love and Sex Influence Creative and Analytic Thinking,' *Personality and Social Psychology Bulletin*, 2009: 35 (11), 1479 - 91; DOI: 10.1177/0146167209342755.

40 Guevara, C 'The Cuban Revolution Today,' *Algiers*, Mar 1965.

第1章 问题

1 Calabrese, E et al. 'Hormesis: Its impact on Medicine and health,' *Human & Experimental Toxicology*, 2013:32.

2 Emmons, R 'Counting Blessings Versus Burdens: An Experimental Investigation of Gratitude and Subjective Well-being in Daily life,' *Journal of Personality and Social Psychology*, Feb 2003:84(2), 377–89.

3 Gordon, A et al. 'To have and to Hold: Gratitude Promotes Relationship Maintenance in Intimate Bonds,' *Journal of Personality and Social Psychology*, Aug 2012:103(2), 257–74.

4 Seligman, M 'Positive Psychology Progress: Empirical Validation of Interventions,' *American Psychologist*, Jul-Aug 2005:60(5), 410–21.

5 Emmons, R et al. (eds) *The Psychology of Gratitude*, Oxford University Press, 2004.

6 Algoe, S et al. 'Beyond Reciprocity: Gratitude and Relationships in Everyday Life,' *Psychological Science*, 2008:17(4), 319–25.

7 McCullough, M et al. 'Gratitude and Prosocial Behavior: Helping When It Costs You, An Adaptation for Altruism? The Social Causes, Social Effects and Social Evolution,' *Current Directions in Psychological Science*, Aug 2008: 17(4), 281-5.

8 Subramaniam, K et al. 'A Brain Mechanism for Facilitation of Insight by Positive Affect,' *Journal of Cognitive Neuroscience*, Mar 2009: 21, 415-32.

9 Lau, R and Cheng, S 'Gratitude Lessens Death Anxiety,' *European Journal of Aging*, Apr 2012: 8(3), 169-75.

10 Lambert, N et al. 'A Boost of Positive Affect: The Perks of Sharing Positive Experiences,' *Journal of Social & Personal Relationship*, Aug 2012.

11 Burg, J and Michalak, J 'The Healthy Quality of Mindful Breathing: Associations With Rumination and Depression,' *Cognitive Therapy and Research*, April 2011: 35(2), 179-85.

12 Burg, J et al. 'Mindfulness as Self-regulated Attention: Associations with Heart Rate Variability,' *Swiss Journal of Psychology*, Jul 2012: 71(3), 135-9; DOI: 10.1024/1421-0185/a000080.

13 Michael, W et al. *Exercise for Mood and Anxiety, Proven Strategies for Overcoming Depression and Enhancing Well-Being*, Oxford University Press, 2011.

14 Cohen, S and Walco, G 'Dance/Movement Therapy for Children and Adolescents with Cancer,' *Cancer Practice*, 1999: 7, 34-42.

15 Kushi, L et al. 'Nutrition and Physical Activity Guidelines Advisory Committee. American Cancer Society Guidelines on Nutrition and Physical Activity for Cancer Prevention: Reducing the Risk of Cancer with Healthy Food Choices and Physical Activity,' *CA Cancer Journal for Clinicians*, 2006: 56: 254-81 (Erratum in: *CA Cancer Journal for Clinicians*, 2007:

57,66).

16 Loewenstein,G 'The Psychology of Curiosity:A Review and Reinterpretation,' *Psychological Bulletin*,1994:116(1),75–98.

17 Thrash,T et al.'Mediating Between the Muse and the Masses:Inspiration and the Actualization of Creative Ideas,' *Journal of Personality and Social Psychology*,Mar 2010:98(3),469–87.

18 Batey,M and Furnham,A 'Creativity,Intelligence,and Personality:A Critical Review of the Scattered Literature,' *Genetic Social General Psychology Monographs*,2006:132(4),355–429.

19 Harris,L and Fiske,S 'Social Groups that Elicit Disgust are Differentially Processed in mPFC,' *Social Cognitive and Affective Neuroscience*,Mar 2007:2,45–51.

第2章 模式

1 Castro,J 'Where Does Identity Come From?' *Scientific American*,May 2013.

2 Kahneham,D *Thinking Fast and Slow*,Penguin,2012.

3 Arzi,A et al.'Humans Can Learn New Information During Sleep,' *Nature Neuroscience*,Aug 2012:15,1460–5.

4 Salimpoor,V.et al.'Anatomically Distinct Dopamine Release during Anticipation and Experience of Peak Emotion to Music,' *Nature Neuroscience*,2011:DOI:10.1038/nn.2726.

5 Di Chiara,G and Imperato,A 'Drugs Abused by Humans Preferentially Increase Synaptic Dopamine Concentrations in the Mesolimbic System of Freely Moving Rats,' *Proceedings of the National Academy of Sciences*,1988:85,5274–8.

6 Mahoney,M and Avener,M 'Psychology of the Elite Athlete:An Exploratory Study,' *Cognitive Therapy and Research*,Jun 1977.

7 Wolford, G et al. 'The Left Hemisphere's Role in Hypothesis Formation,' *Journal of Neuroscience*, March 2000:20(6), RC64, 1-4.

8 Feinberg, T *Altered Egos: How the Brain Creates the Self*, Oxford University Press, 2001.

9 Nickerson, R 'Confirmation Bias: A Ubiquitous Phenomenon in Many Guises,' *Review of General Psychology*, 1998:2(2), 175-220; key: citeulike:2634047.

10 For example, see the work of Haidt, J *The Righteous Mind*, Penguin, 2012.

11 For more information, see the work of Kuhn, T *The Structure of Scientific Revolutions*, University of Chicago Press, 1970.

12 Cyrulnik, B 'Ethology and the Biological Correlates of Mood,' Dialogues in Clinical *Neuroscience*, Sep 2005:7(3), 217-21.

13 Mahncke, H et al. 'Brain Plasticity and Functional Losses in the Aged: Scientific Bases for a Novel Intervention,' *Progress in Brain Research*, 2006:157, 81-109.

第3章 痛苦

1 Hazan, C and Shaver, P 'Romantic Love Conceptualized as an Attachment Process,' *Journal of Personality and Social Psychology*, Mar 1987:52(3), 511-24.

2 For more on this idea, see the work of Wolinsky, S *The Dark Side of the Inner Child: The Next Step*, Bramble Books, 1993; and *Rescuing the 'Inner Child': Therapy for Adults Sexually Abused as Children*, Souvenir Press, 1994.

3 Daniel, S and Schechter, M 'Forecasting Aggression: Toward a New Interdisciplinary Understanding of What Makes Some Troubled Youth Turn Violent,' *Cerebrum*, Jan-Feb 2011.

4 Oliver, P et al. *Handbook of Personality: Theory and Research*, 3rd edn, Guilford Press, 2001.

5 Vaillant, G *Triumphs of Experience The Men of the Harvard Grant Study*, Belknap Press, 2012.

6 Allen, S and Daly K 'The Effects of Father Involvement: An Updated Research Summary of the Evidence Inventory Centre for Families, Work & Well-Being,' University of Guelph, 2007.

7 Apkarian, A et al. 'Chronic Back Pain is Associated with Decreased Prefrontal and Thalamic Gray Matter Density,' *Journal of Neuroscience*, Nov 2004: 24, 10410–15.

8 Whalley, K 'Childhood Abuse Alters Cortical Fields,' *Nature Reviews Neuroscience*, Jul 2013.

9 Eisenberg, N et al. 'Emotion-related Self-regulation and Its Relation to Children's Maladjustment,' *Annual Review of Clinical Psychology*, April 2010: 6, 495–525; first published online as a 'review' in Advance on Jan 19, 2010; DOI: 10.1146/annurev.clinpsy.121208.131208.

10 Brito, N et al. 'Socioeconomic Status is Associated with Language and Memory Development in the First Two Years,' International Society for Infant Studies, Berlin 2014.

11 McEwen, B. and Morrison, J 'The Brain on Stress: Vulnerability and Plasticity of the Prefrontal Cortex over the Life Course,' *Neuron*, Jul 2013: 79(1), 16–29; DOI: 10.1016/j.neuron.2013.06.028.

12 Dias, B and Ressler, K 'Parental Olfactory Experience Influences Behavior and Neural Structure in Subsequent Generations,' *Nature Neuroscience*, Dec 2013; DOI: 10.1038/nn.3594.

13 Champagne, F and Meaney, M 'Stress During Gestation Alters Postpartum Maternal Care and the Development of the Offspring in a Ro-

dent Model,' *Biological Psychiatry*, Jun 2006:59, 1227-35.

14 Mitchell, C et al. 'Social Disadvantage, Genetic Sensitivity, and Children's Telomere Length,' *Proceedings National Academy Sciences*, Apr 2014.

15 Nili, U. et al. 'Fear Thou Not: Activity of Frontal and Temporal Circuits in Moments of Real-Life Courage,' *Neuron*, Jun 2010: 66(6), 949-62; DOI 10.1016/j.neuron.2010.06.009.

16 Diderot, D *On Art and Artists: An Anthology of Diderot's Aesthetic Thought*, Springer, 2010.

第4章 临在

1 Campbell, J *The Power of Myth*, Bantam Doubleday, 1989.

2 See Iain McGilchrist's *The Mastery and His Emissary: The Divided Brain and the Making of the Western World* for more on this fascinating topic, Yale University Press, 2nd edn, 2012.

3 Hawkley, L. and Cacioppo, J 'Loneliness Matters: A Theoretical and Empirical Review of Consequences and Mechanism,' *Annals of Behavioral Medicine*, Oct 2010:40(2), 218-27.

4 Holt-Lunstad, J et al. 'Social Relationships and Mortality Risk: A Meta-analytic Review,' *PLOS Medicine*, Jul 2010: DOI: 10. 1371/journal. pmed.1000316.

5 D Umberson and Montez, J K 'Social Relationships and Health: A Flashpoint for Health Policy,' *Journal of Health and Social Behavior*, 2010: 51(1), S54-S66 .

6 Libet, B. et al. 'Time of Conscious Intention to Act in Relation to Onset of Cerebral Activity (Readiness-Potential),' *Brain*, 1983: 106 (3): 623-42; DOI: 10.1093/brain/106.3.623.PMID6640273.

7 Hussey, A 'If You Can Keep a Cool Head,' *Observer Sport Monthly*, March 4, 2007.

8 Csikszentmihalyi, M *Flow: The Psychology of Optimal Experience*, Cambridge University Press, 1988.

9 Chi, R and Snyder, A 'Brain Stimulation Enables the Solution of an Inherently Difficult Problem,' *Neuroscience Letters*, Mar 2012:515, 121–4.

10 Newberg A *Principles of Neurotheology*, Ashgate, 2010.

11 Johnstone, B and Glass, B 'Support for a Neuropsychological model of Spirituality in Persons with Traumatic Brain Injury,' *Zygon*, Dec 2008: 43(4), 861–74(14).

12 Krebs, T and Johansen, P 'Psychedelics and Mental Health: A Population Study,' *PLoS ONE*, Aug 2013:8(8).

13 Duman, R and Aghajanian, G 'Synaptic Dysfunction in Depression: Potential Therapeutic Targets,' *Science*, Oct 2012; and 'Treatment-Resistant Depression: Glutamate, Stress-Hormones and their Role in the Regeneration of Neurons,' presented at New York Academy of Sciences Mar 2013, are both examples. See MAPS.org for up-to-date research.

14 Alduous Huxley later wrote a book about his experiences of taking the shamanic medicinal plant peyote, titled the *Doors of Perception*—after a phrase by William Blake in his poem about the bringing together of opposites, 'The Marriage of Heaven and Hell'—which went on to inspire Jim Morrison and his legendary band, The Doors.

15 Strawson, G et al. *Consciousness and its Place in Nature*, Imprint Academic, 2006.

16 Wilber, K *Quantum Questions: Mystical Writings of the World*, Shambhala Publications, 2001.

17 Henry, R 'The Mental Universe,' *Nature*, Jul 2005:436, 29.

18 Minkel, J 'Quantum Spookiness Spans the Canary Islands,' *Scientific American*, *March* 9, 2007.

19 Wei Wu Wei, *Ask the Awakened: The Negative Way*, Non Basic Stock Line: 1st edn, April 2002.

20 Schneider, R et al. 'Stress Reduction in the Secondary Prevention of Cardiovascular Disease: A Randomized Controlled Trial of Transcendental Meditation and Health Education in African Americans,' *Circulation: Cardiovascular Quality and Outcomes*, Nov 2012; DOI: 10.1161/ CIRCOUTCOMES.112.967406.

21 Zeidan, F et al. 'Mindfulness Meditation-related Pain Relief: Evidence for Unique Brain Mechanisms in the Regulation of Pain,' *Neuroscience Letters*, Jun 2012: 520(2), 165–73.

22 Miller, W et al. 'Meditation Increases Compassionate Responses to Suffering,' *Psychological Science*, Aug 2013.

23 Bodhidharma, *The Zen Teachings of Bodhidharma*, Red Pine North Point Press, 1990.

第5章 平和

1 Bonta, B 'Cooperation and Competition in Peaceful Societies,' *Psychological Bulletin*, Mar 1997: 121(2).

2 Feder, A et al. 'Posttraumatic Growth in Former Vietnam Prisoners of War,' *Psychiatry*, Winter 2008: 71(4), 359–70.

3 Charney, D 'The Psychobiology of Resilience and Vulnerability to Anxiety Disorders: Implications for Prevention and Treatment,' *Dialogues Clinical Neuroscience*, Sep 2003: 5(3), 207–21.

4 Richardson, G 'The Metatheory of Resilience and Resiliency,' *Journal of Clinical Psychology*, 2002: 58, 307–21.

5 Epes, J *The Sacred Pipe: Black Elk's Account of the Seven Rites of the Oglala Sioux*, University of Oklahoma Press, 1953.

6 Newberg, A *Why God Won't Go Away: Brain Science and the Biology of Belief*, Ballantine Books, 2002.

7 Schiller, D et al. 'Preventing the Return of Fear in Humans Using Reconsolidation Update Mechanisms,' *Nature*, Jan 2010:463(7277), 49–53.

8 Barak, S et al. 'Disruption of Alcohol-related Memories by mTORC1 Inhibition Prevents Relapse,' *Nature Neuroscience*, 2013: http://dx.doi.org/10.1038/nn.3439.

9 Armour, J 'Anatomy and Function of the Intrathoracic Neurons Regulating the Mammalian Heart,' in Zucker, I and Gilmore, J eds *Reflex Control of the Circulation*, CRC Press, 1990, 1–37.

10 Fredrickson, B *LOVE* 2.0, Hudson Street Press, 2013.

11 Interview with Nelson Mandela, 'How Nelson Mandela Emerged from Prison a Better Man,' on oprah.com 2000.

12 Nietzsche, F *Ecce Homo: How One Becomes What One Is*, Oxford University Press, 2009.

13 Kierkegaard, S *The Concept of Anxiety*, Princeton University Press, 1981.

第6章 本愿

1 Mitchell, M *Complexity: A Guided Tour*, Oxford University Press, 2009.

2 Liu, D et al. 'From Autonomy to Creativity: A Multilevel Investigation of the Mediating Role of Harmonious Passion,' *Journal of Applied Psychology*, Mar 2011:96(2), 294–309.

3 Boyle, P et al. 'Effect of Purpose in Life on the Relation Between Alzheimer Disease Pathologic Changes on Cognitive Function in Advanced Age,' *Archives General Psychiatry*, May 2012:69(5), 499–505.

4 Fredricksona, B et al. ' A Functional Genomic Perspective on Human Well-being, ' *Proceedings of the National Academy of Sciences of the United States of America*, Jul 2013.

5 Moll, J et al. ' Human Fronto-mesolimbic Networks Guide Decisions About Charitable Donation, ' *Proceedings of the National Academy of Sciences of the United States of America*, Sep 2006: 103, 15623-28.

6 http://greatergood.berkeley.edu/raising_ happiness/post/what_ we_ get_ when_ we_ give.

7 Spiegel, D et al. ' Effect of Psychosocial Treatment on Survival of Cancer Patients with Metastatic Breast Cancer, ' *The Lancet*, Oct 1989: 2, 888-90.

8 Oman, D et al. ' Volunteerism and Mortality among the Community Dwelling Elderly, ' *Journal of Health Psychology*, May 1999: 4 (3), 301-16.

9 Post, S ' It's Good to Be Good: Science Says It's So, ' *Health Progress*, Jul-Aug 2009.

10 Aknin, L. et al. ' Prosocial Spending and Well-being: Cross-cultural Evidence for a Psychological Universal, ' *Journal of Personality and Social Psychology*, Apr 2013: 104.

11 Crocker, J et al. ' Interpersonal Goals and Change in Anxiety and Dysphoria: Effects of Compassionate and Self-image Goals, ' *Journal of Personality and Social Psychology*, Jun 2010: 98(6), 1009-24.

12 Rand, D et al. ' Spontaneous Giving and Calculated Greed, ' *Nature*, Sep 2012: 489, 427-30(20).

第7章 可能性

1 http://www.writersdigest.com/writing-articles/by-writing-genre/memoir-

by-writing-genre/isabel-allende.

2 Liu, S et al. 'Neural Correlates of Lyrical Improvisation: An fMRI Study of Freestyle Rap,' *Scientific Reports*, Nov 2012: 2(834).

3 Carhart-Harris, R et al. 'Neural Correlates of the Psychedelic State as Determined by fMRI Studies with Psilocybin,' *Proceedings of the National Academy of Sciences USA*, Feb 2012: 109(6), 2138–43.

4 Jia, L et al. 'Lessons from a Faraway Land: The Effect of Spatial Distance on Creative Cognition,' *Journal of Experimental Social Psychology*, Sep 2009: 45(5), 1127–31.

5 Beam, E 'Creativity and the default network: Is the Brain at Work while the Mind is Wandering?' *Neurogenesis*, 2012: 2(1), 11–13.

6 Vessel, E et al. 'Art Reaches Within: Aesthetic Experience, the Self, and the Default Mode Network. Front,' *Neurosci.*, 2013: 7(258), 1–9; DOI: 10.3389/fnins.2013.00258.

7 Fox, K and Christoff, K 'Metacognitive Facilitation of Spontaneous Thought Processes: When Metacognition Helps the Wandering Mind Find its Way,' in Fleming, S and Frith, C (eds) *The Cognitive Neuroscience of Metacognition*, Springer Publishing, 2014, 293–319.

8 Poincare, H *The Foundations of Science*, Project Gutenberg, 1921.

9 Mitchell, S *The Second Book of the Tao*, Penguin, 2009.

10 Macfarquhar, L 'The Dead are Real,' *New Yorker*, Oct 2012.

11 Turiano, N. et al. 'Openness to Experience and Mortality in Men: Analysis of Trait and Facets,' *Journal of Aging and Health*, Jun 2012: 24(4), 654–72.

第8章 力量

1 Roberts, E et al. 'Individual Differences in Expert Motor Coordination

Associated with White Matter Microstructure in the Cerebellum, ' *Cerebral Cortex*, *Oct* 2013:23(10), 2282–92.

2 Gould, D et al. ' Psychological Foundations of Coaching: Similarities and Differences among Intercollegiate Wrestling Coaches, ' *The Sport Psychologist*, Dec 1987:1(4), 293–308.

3 Ming, G and Song, H ' Adult Neurogenesis in the Mammalian Brain: Significant Answers and Significant Questions, ' *Neuron*, May 2011:70(4), 687–702.

4 Barres, R et al. ' Acute Exercise Remodels Promoter Methylation in Human Skeletal Muscle, ' *Cell Metabolism*, Mar 2012:15(3), 405–11.

5 Ayan, S ' The Will to Win, ' *Scientific American*, Apr 2005:16, 64–9.

6 Driediger, M et al. ' Imagery Used by Injured Athletes: A Qualitative Analysis, ' *Journal of Sports Sciences*, Mar 2006.

7 Danner, D et al. ' Positive Emotions in Early Life and Longevity: Findings from the Nun Study, ' *Journal of Personality and Social Psychology*, May 2001:80(5), 804–13.

8 Gould, E ' Gross C G ' Neurogenesis in Adult Mammals: Some Progress and Problems, ' *Neuroscience*, 2002:22, 619–23.

9 Hans-Georg, W and Moser, K ' Effects of Networking on Career Success: A Longitudinal Study, ' *Journal of Applied Psychology*, Jan, 2009: 94 (1), 196–206.

10 Reuf, M ' Strong Ties, Weak Ties and Islands: Structural and Cultural Predictors of Organizational Innovation, ' Jun 2002:11(3): http://www.cs.princeton.edu/~sjalbert/SOC/Ruef.pdf.

11 King, L et al. ' Resilience/Recovery Factors in Posttraumatic Stress Disorder Among Female and Male Vietnam Veterans, ' *Journal of Personality and Social Psychology*, Feb 1998:74, 420–34.

12 Christakis, N and Fowler, J 'Dynamic Spread of Happiness in a Large Social Network: Longitudinal Analysis over 20 years in the Framingham Heart Study,' *BMJ*, Dec 2008:337, a2338.

13 Steptoe A et al. 'Social isolation, loneliness, and all-cause mortality in older men and women,' *Proceedings of the Royal Academy of Sciences*, doi/10.1073/pnas.1219686110, 2013.

14 Christakis, N and Fowler, J 'Social Contagion Theory: Examining Dynamic Social Networks and Human Behavior,' *Statistics in Medicine*, Sep 2011: (32), 556-77: 3arXiv: 1109.5235.

15 Honk, J et al. 'New Evidence on Testosterone and Cooperation,' *Nature*, 2012:485, E4-E5; DOI: 10.1038/nature/11136.

16 Coates, J et al. 'From Molecule to Market: Steroid Hormones and Financial Risk-taking.' *Philosophical Transactions Royal Society Biological Sciences*, 2010: 365, 331 - 43, http://rstb.royalsocietypublishing.org/content/365/1538/331.full.pdf+html.

17 Carney, D et al. 'Power Posing: Brief Nonverbal Displays Cause Changes in Neuroendocrine Levels and Risk Tolerance,' *Psychological Science*, 2010:21, 1363-8.

18 Storey, A and Walsh, C 'How Fathers Evolve: A Functional Analysis,' in Booth, A, McHale, S and Landale, N. (eds) *Biosocial Foundations of Family to Processes National Symposium on Family Issues*, Springer, 2011, 35-47.

19 Gettler, L et al. 'Does Cosleeping Contribute to Lower Testosterone Levels in Fathers? Evidence from the Philippines,' *PLoS ONE*, 2012:7 (9), e41559.

第9章　玩耍

1 Bateson, P *Play, Playfulness, Creativity and Innovation*, Cambridge Uni-

versity Press,2014.

2 Huizinga,J *Homo Ludens*,Routledge,1980.

3 *The Child-driven Education*,TED Global,2010(video).

4 Schiller,J von *Letters upon the Aesthetic Education of Man*,*Literary and Philosophical Essays*,New York Collier *c*.1910(Harvard Classics).

5 Aarnodt,S and Wang,S *Welcome to Your Child's Brain*:*How the Mind Grows from Conception to College*,Bloomsbury,2011.

6 Ibid.

7 Snyder,C and Lopez,S Eds *Handbook of Positive Psychology*,Oxford University Press,2004.

8 Subramaniam,K et al.'A Brain Mechanism for Facilitation of Insight by Positive Affect,' *Journal of Cognitive Neuroscience*, Mar 2009: 21,415–32.

9 Loehr,J and Schwartz,T 'The Making of a Corporate Athlete,' *Harvard Business Review*,Jan 2001.

10 Blanchette, D et al. 'Aerobic Exercise and Cognitive Creativity: Immediate and Residual Effects,' *Creativity Research Journal*,2005:17(2&3),257–64.

11 Clinton,C.*Harriet Tubman*:*The Road to Freedom*,Little,Brown,2005.

12 See http://www.wired.com/2012/03/navy-sixth-sense.

13 Preti, A and Miotto,P 'Creativity, Evolution and Mental Illnesses,' *Journal of Memetics-Evolutionary Models of Information Transmission*, Jan 1997.

14 Csikszentmihalyi, M *Creativity*: *The Psychology of Discovery and Invention*,Harper Perennial,2013.

第10章 主动

1 Baumeister,R.et al.'Some Key Differences Between a Happy Life and a

Meaningful Life, ' *Journal of Positive Psychology*, Oct 2013: 8(6), 505–16; DOI: 10.1080/17439760.2013.830764.

2 'State of the American Workplace,' 2013: http://www.gallup.com/strategicconsulting/163007/state-american-workplace.aspx.

3 'Dream Job or Career Nightmare?' OPP, July 2007: www.opp.com/~/media/Files/PDFs/Resources/dream-research.pdf.

图字：01-2018-4574 号

图书在版编目（CIP）数据

开启／（英）尼克·塞内卡·扬克尔（Nick Seneca Jankel）著；王颖 译. —北京：东方出版社，2018.10
书名原文：Switch On：Unleash Your Creativity and Thrive with the New Science & Spirit of Breakthrough
ISBN 978-7-5207-0549-3

Ⅰ.①开…　Ⅱ.①尼…　②王…　Ⅲ.①成功心理　Ⅳ.①B848.4

中国版本图书馆 CIP 数据核字（2018）第 195761 号

开启
（KAIQI）

作　　者：［英］尼克·塞内卡·扬克尔
译　　者：王　颖
审　　校：王　丁
责任编辑：申　浩
出　　版：东方出版社
发　　行：人民东方出版传媒有限公司
地　　址：北京市东城区东四十条 113 号
邮　　编：100007
印　　刷：北京楠萍印刷有限公司
版　　次：2018 年 10 月第 1 版
印　　次：2018 年 10 月第 1 次印刷
开　　本：880 毫米×1230 毫米　1/32
印　　张：11.25
字　　数：160 千字
书　　号：ISBN 978-7-5207-0549-3
定　　价：58.00 元
发行电话：（010）85924663　85924644　85924641